最详尽的

礼品包装教科书

从包装的基础教程到创意设计，均配以精美绝伦的

步骤图和简单明了的解说介绍！

〔日〕宫田真由美 著

王 琛 译

U0293603

河南科学技术出版社

·郑州·

序言

我和包装艺术的相遇，缘于做艺术包装的丈夫及其家人。

对于原本不擅长做生意的我来说，

是包装艺术教会了我如何连接与顾客之间的心灵纽带。

慢慢地，我逐渐悟出了真谛。

看似容易操作的柔软材料，实际上却很难折出折痕，

因为可能会瞬间发生偏离或松弛。

看似难以操作的坚硬材料，虽然折起来稍有困难，

但却能够折出清晰的折痕，

折叠效果非常完美。

人与材料的关系，同人与人之间的关系是相同的。

在日本，据说包装这门艺术是始于向神灵进贡时。

也就是说，包装原本就是保护并且装饰衬托礼品的东西。

随着逐渐地演变、发展，形成了根据场合需要而变换不同包装方式，

通过材料的颜色和风格巧妙地表现出季节感和礼品的韵味。

而这样做的根本意义也是为了体现珍惜对方的情意。

被包装的，不仅是物品本身，更是赠送者的心意。

完成效果即使不那么完美也没关系，

重要的是一定要把真情实意传达给对方。

我希望通过此书把传达情意的包装艺术的魅力，送达每个人那里。

宫田真由美

目录

根据用途分类的图片目录

1个瓶子的包袱皮包装法»» p.97

1个瓶子的长布巾包装法»» p.98

2个瓶子的包袱皮包装法»» p.99

枕形盒的
包装方法
>>>

枕形盒的
接合式包装法»» p.83

枕形盒的
斜线式包装法»» p.85

枕形盒的
长方形包装法»» p.86

根据物品形状
包装的方法：
圆球形的物品
>>>

果酱瓶的包装法
»» p.116

圆形蛋糕的包装法
»» p.126

餐具的包装法
»» p.130

双柄锅的包装法
»» p.132

球形礼物的包装法
»» p.138

根据物品形状
包装的方法：
细长形的物品
>>>

折叠伞的包装法
»» p.122

棒球棒和棒球手套的
包装法»» p.136

生日礼物包装
»» p.156

1个瓶子的包袱皮
包装法»» p.97

1个瓶子的长布巾包装法»» p.98

2个瓶子的包袱皮
包装法»» p.99

根据物品形状
包装的方法：
细小的物品
>>>

小零食的包装法　»» p.114

手提袋形包装袋
»» p.159

衬衣形包装法
»» p.160

金字塔形包装法
»» p.160

小盒子形包装盒
»» p.161

小盒子形包装袋
»» p.162

没有侧面的袋子
»» p.163

有侧面的袋子
»» p.163

惊喜盒子»» p.148

波纹纸盒子»» p.149

生日礼物包装
»» p.156

情人节礼物包装
»» p.157

万圣节礼物包装
»» p.164

饭盒的环保包装法
»» p.142

根据用途分类的图片目录

根据用途分类的图片目录

Part
01

需要了解的
基础知识

本章介绍了包装时要考虑到的一些重要因素、需要的工具及素材的种类等基础知识。同时也介绍了包装工具的用法、包装精美的技巧和丰富的配色，可作为参考。

以对方和情景为重点

礼物是可表达想念对方，并使对方开心的物品。

认真思考一下"何时、何地、赠送什么、赠送给谁、为什么"等 5W2H 问题之后，再进行礼物包装吧。礼品包装不是为了显示自己的喜好，而是给自己的礼物锦上添花，还要考虑赠送的对象和场合。

Wrapping

包装时要考虑的因素

☐ When?

礼品包装同选择衣服一样，要考虑送出的季节。还要考虑材料的手感、厚度以及配色，同时也要考虑对方收到礼物时的心情和反应。

☐ Who?

赠送礼物时需要考虑对方的喜好，同时也要考虑对方与自己的关系。如果对方是初次见面的人，一般赠送酒或甜品等食物。这是因为，通过赠送或者接受食物，相互之间建立起信任关系。另外，即使双方仅有一面之交，也不至于对接受礼物的一方造成负担。

☐ Where?

需要注意赠送礼物的场所。如果用物流方式赠送礼物时，为了防止礼物在配送时损坏，必须包装牢固。如果亲自前往赠送礼物，要避免赠送较重或较大的物品。同时也要准备携带回礼的袋子。

☐ What?

在赠送较重的、较大的礼物或者生鲜物品时，请认真考虑，是否会对对方造成困扰。突然被送达的礼品是不合礼节的，最好在礼物上附加一个便条，或者事先打电话确认礼物送达当天对方是否有空。另外，最好不要询问对方，礼物是否送达，而是自己使用物流追踪服务进行查询。收到礼物的一方，需在礼物送达之后的2～3内天致谢，这样才符合礼节。

☐ Why?

在庆祝日、纪念日、红白喜事等场合，要根据赠送的目的，遵守相应的礼节，掌握需要附带礼签的场合。但如果考虑到形式上的礼节会给对方造成负担，或者对方喜好简单的礼物时，需要随机应变。

□ How?

怎样做？

1. 是否放入盒子

正式的礼品或者是容易损坏的物品，最好放入盒子。应该选择适合礼物的大小与形状的盒子，同时也应在盒内放置减震垫，避免礼物随意晃动而损坏。

2. 包装材料和包装方法

包装材料和包装方法，不管优先选择哪个都可以，但是两者必须匹配。以包装方法页的各种数据为参考，并注重材料的质感、花纹、需要的纸张尺寸之后，再制定设计图。各种形状的物品包装方法，请参考图片目录。

○ 图片目录→ p.6

3. 关于丝带和装饰物

丝带是"把一边与另一边连接在一起"的意思，寓意连接赠送者和被赠者之间的关系，所以丝带应与礼物十分相配。可根据与包装纸相配，来选择丝带的颜色、质感、大小和系法。虽然可以在礼盒上面直接系丝带，但这只限于一般场合。

○ 丝带花结的系法→ p.102
○ 包装精美的要领→ p.32
○ 颜色搭配一览表→ p.34

□ How much?

多少钱？

在选择包装材料之前，要提前制定基本预算。而且，礼物与包装材料要相得益彰。

Q

去医院探望病人，应该赠送什么样的礼物？

A

最好赠送不需要花瓶且不用经常换水的花束。盆栽暗含"落下病根"的意思，所以不能赠送。如果病人没有饮食限制的话，可以送水果或甜点。另外，图书、购书券、光盘等也是可以令人开心的礼物。

Q

如果礼物是在网上订购，且没有手写礼品签，可以发邮件联系吗？

A

虽然可以使用邮件，但打个电话更能传达感谢的心意。并且，在网上订货时，在备注栏里写上想说的话，也不失为一个好方法。

Wrapping

基本工具和便利工具

只需四种基本工具

不需要专门的工具就可以开始制作，这也是艺术包装的魅力之一。只需四种基本工具，就可以简单上手。

便利的工具不仅可以提高效率，也可以使包装外观更加美丽，同时还可以增加包装的设计款式。

基本工具

ⓐ 美工刀

用于裁切包装纸。为了使裁切边缘能够更加好看，需要使用刀片较软的美工刀。如果锋利度变差，就需要更换新的刀片。

ⓑ 剪刀

用于裁剪丝带、制作装饰物。如果刀刃的锋利度变差，就不能剪断双面胶带和透明胶带。

ⓒ 双面胶带

用于黏合包装纸。5～10mm的宽度最合适。在本书中，使用的是7mm宽的双面胶带。

ⓓ 透明胶带

贴在盒子底部以加固盒子等，透明胶带用在看不见的地方。为了使整体外观精美，所以不能用于看得见的地方。

Q 在哪里能够购买到工具？

A 在文具店、手工艺品店、专业包装店等都可以买到。

便利工具

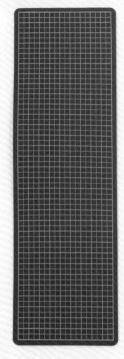
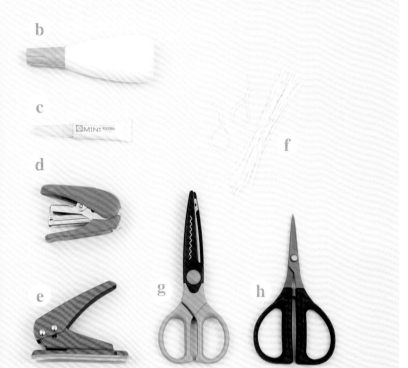

ⓐ 切割垫

用于制作装饰品。也可以将杂志和报纸捆成捆代替。切割垫可以反复使用，很方便。

ⓑ 黏合剂

在制作装饰品，粘贴的时候使用。可以使用胶水，但还是推荐使用便于粘贴细微部分、干燥后变得透明的黏合剂。可以使用木工用的黏合剂，但有着细细的端头的黏合剂用起来会更加方便。

ⓒ 插花用的黏合剂

用于制作、黏合装饰品。比普通黏合剂的黏合效果更好、更容易干。

ⓓ 订书机

用于一般的装饰口袋的固定，也在装饰时使用。

ⓔ 打孔器

用于制作标签或者给丝带打孔。单孔的打孔器容易操作，一打开底部的盖子，就可以从背面确认打孔的位置，使用起来很方便。

ⓕ 金属丝

用于给丝带卷上装饰品，或者用于装饰时的暂时固定。

ⓖ 锯齿剪刀

用于剪出装饰材料的花边。刀片边缘是锯齿形的，有助于突出包装的重点，并且防止开裂。

ⓗ 手工艺剪刀

因为剪刀刀刃较窄，所以在制作衍纸等细小装饰品时十分方便。

Q 不能使用直尺吗？

A 原则上不太推荐使用。因为如果一味追求测量精确，就会忽略整体的和谐，同时也很难使用灵感进行装饰。即使尺寸不太精确，包装纸也不会包裹不住物品，请大胆地动手包装吧。

基本材料

包装纸的颜色和花纹多种多样、绚丽多彩，
但易折叠和功能性是需要考虑的关键要素。
如果利用烤箱用纸等身边的材料，又会呈现出不同的效果和新鲜感。

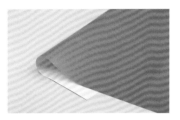

单色纸
适用于各种场合、包装方法和装饰方法。折痕和花色丝带相互映衬，呈现出一种恬静的感觉。

花纹纸
呈现绚丽多彩之感。可根据包装的物品和包装方法，选择花纹的大小与方向。（→ p.18 "花纹纸的使用要领"）

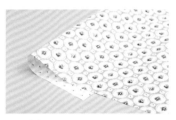

双面纸
适用反面露在外面的包装方法。即使包装得非常普通，打开时也有惊艳的感觉。

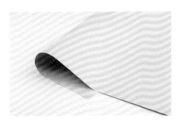

手工纸
适用于简易包装且不需增加包装的华丽感时使用。因为纸质厚实，也适用于强调纸质硬度的包装。

和纸
由于独特的色彩和风格，且不易破损，适用于有格调的包装。不同的创意设计也可以呈现和纸的现代感。

皱纹纸
被加工成褶皱状的纸。即使重新包裹，也不会留下皱褶。因为纸很薄，所以即使折叠成荷叶边的创意设计，也是可行的（→p.122）。

无纺布
轻柔松软，无论什么形状的物品，都可以随意包装。但不适用于需要折出清晰折痕的包装。

蜡纸
涂有蜡的纸，呈现一种既雅致又轻巧的感觉。因为耐水性好，所以也用于包装食物和花束。

玻璃纸
因为纸张轻薄、透明，所以适用于需要让对方一眼就看到内部礼物的包装。打开包装时，会伴随着独特且可爱的声音。

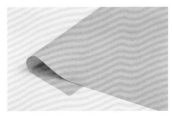

薄叶纸
作为物品的内包装被经常使用。因为纸质易破，所以包装时需要多张重叠使用。

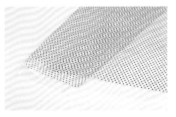

透明纸
适用于需要使对方看到内部礼物，或者需要防水的场合。既有无色透明的，也有带花纹的。

剪贴簿用纸
一般是双面设计。因为纸质较厚，所以适合于制作手工盒子和卡片。

纸巾纸

具有漂亮的花纹和丰富的设计。如果用来包装食物，吃完食物后，可以当作餐巾纸使用，真可谓一举两得。

烤箱用纸

白色的烤箱用纸呈现出素雅自然的感觉。还有带水珠等花纹的烤箱纸，无论那种都具有耐水、耐热的功能。

报纸

外文报纸能够悄无声息地呈现出很棒的感觉。如果是赠送给外国人，最好使用赠送者本国的报纸。

折纸

具有丰富的色彩变化，适用于制作装饰品。现在也增加了带花纹的可爱折纸。

蕾丝纸

平时多用作食物的纸垫，如果搭配包装，就有一种复古华丽之美。

信封

可以原封不动地当作包装袋使用，也可以制作成正方体或衬衣形（→p.160）。请大胆地想象吧。

纸袋

大小各异、设计多元，使用轻便。如果在闭合方式和搭配上再下点功夫，会随之呈现出别样的感觉。

波纹纸

是一种单面的波纹状的薄纸。属于打包材料之一，适用于制作独特的箱子和装饰品。

纸垫

网状的打包材料。如果用它包裹礼物，多用于粗糙且不加修饰的包装。因为很薄，所以最好多层重叠使用。

手帕

近来大受欢迎的可爱印花手帕。如果使用手帕包装礼物，会使对方感到欣喜。

包袱皮

包袱皮的优点是，能够包装成任意形状，且能够循环使用，呈现出与纸张包装不同的正式感。

长布巾

与包袱皮相比，长布巾给人一种轻松愉悦的日常感。可以选择不同的花纹，包装成当下时兴的款式。

花纹纸
的使用要领

必须确认花纹纸有无上下之分

花纹纸是包装的主要素材。
但是有上下部之分的纸张对完成效果有很大的影响。
同时需要注意的是，花纹如果在接缝处错开时会显得很不好看。
使用花纹纸时，需要一步一步地按照要领操作。

确定花纹的上部与下部

有上下之分的纸张，也有没有上下之分的纸张。颠倒纸张的上下而包装礼物，是不符合礼节的。并且，有上下之分的纸张，由于包装方法的不同，花形可能会发生变化，请事先确认。

●有上下之分的纸张
文字或花纹的方向是固定的。

●没有上下之分的纸张
花纹没有固定的方向。

需要注意的花纹

●大花纹
在使用大花纹纸时，最好运用全部花纹都能被呈现的包装方法。下图中用大花纹纸包装小物品是不和谐的。制作出折痕的包装方法，切断了花纹，所以也是不可取的。

切断花纹的折痕包装方法及不能呈现完整花纹的小盒子包装法，都不能使用大花纹纸。

●条纹、滚边
●格纹
包装后的接缝处如果花纹错开的话，会显得不好看。特别是圆柱形包装，聚集在中央的褶皱部分如果错开的话，漂亮的花纹也会前功尽弃。如果正好拼接上，则会锦上添花，但是对初学者来说难度比较大。在斜线式包装中横竖线条变成斜线，效果也会相应改变。

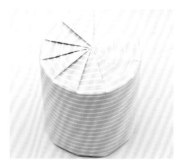

这是滚边花纹包装圆柱形礼物，因为折痕醒目，所以更适合具有包装经验者使用。

了解花纹的走向

需要注意的是斜线式包装和正方形包装。使用有上下之分的花纹纸包装时，花纹的走向将变成斜向或者面朝多方向。把下图作为参考，想象完成后的效果，进行材料的选择。

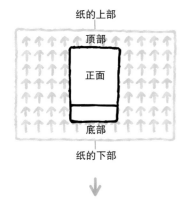

纸的上部
顶部
正面
底部
纸的下部

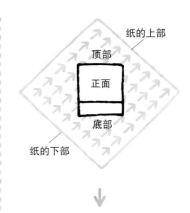

纸的下部
顶部 正面 底部
纸的上部

纸的上部
顶部
正面
底部
纸的下部

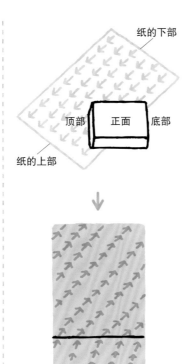

●接合式包装

放置盒子时，与纸张重叠部分作为包装的正面。因为把纸张与礼物垂直放置进行包装，所以花纹也笔直地呈现。

●斜线式包装

放置盒子时，盒子与纸张重叠的部分隐藏在包装内侧。因为把纸张与礼物倾斜放置进行包装，所以花纹也倾斜地呈现。

●正方形包装

放置盒子时，和纸张重叠的部分作为包装的背面。因为纸张倾斜放置，把四边折向中央，所以花纹的走向呈多方向。

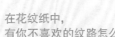

Q 对于初学者来说，不容易出错的是哪种纸张？

A 可以选择没有上下之分的小花纹纸，或者选择水滴花纹纸等。当然最不容易出错的要数单色纸了。

Q 在花纹纸中，有你不喜欢的纹路怎么办呢？

A 推荐把花纹纸中喜欢的纹路作为礼物表面进行包装。如果是采用接合式包装，就能够轻松决定包装纸表面的位置。

Q 即使是喜欢的花纹纸，如果把盒子整体进行包装，可能会显得花哨，这怎么办呢？

A 把两种纸剪贴在一起怎么样？(→p.45, p.54) 如果和单色纸组合在一起的话，就不会显得过于花哨，而会显得更加协调。

基本装饰材料

丝带过宽或者过窄，对于初学者来说都不便于操作。此外，一般情况下，面对棉或麻等天然材料的丝带、细绳，还有标签和封口贴纸等众多选择时，需要认真考虑，怎样的搭配才会使礼物倍添风采。

单色丝带

包装纸与素色丝带、花纹丝带都十分相配。如果是正式的赠送礼物，应该避免使用棉质丝带。

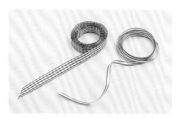

花纹丝带

花纹丝带可以瞬间吸引目光，成为包装的主角。与花纹纸搭配，需要具有精湛的包装水平。

双面丝带

正反两面的颜色都能够被呈现，有单色的，也有撞色的。双面丝带和普通丝带的系法有所不同，请稍加注意（→p.108）。

内含金属丝的丝带

运用金属丝，可让蝴蝶结的翅膀更立体，也可以把丝带最前端卷成螺旋状。呈现出各种动态感。

薄纱丝带

柔软且透明的特质，呈现出华丽的质感。很难折出折痕，所以操作稍显困难。

卷曲丝带

一圈一圈的卷边，既时尚又可爱。将丝带用力的大小，决定了卷曲度的大小（→p.29）。

蕾丝丝带

除了能够当作丝带使用，剪短后可以作为标识或者装饰物的搭配物使用，可增加浪漫的情调。

纸绳

独特且粗糙的风格是纸绳的魅力。展开绳子，作为包装纸使用，也不失为一种好方法（→p.116）。

拉菲草绳

有天然的拉菲草绳，也有把纸加工为拉菲风格的草绳。

细绳

因为结实，麻绳多被用于捆绑行李。棉质绳子的设计也多种多样。

水引线

除了在红白喜事中使用红白色或者黑白色的水引线之外，彩色的水引线通常作为和风的关键标志使用于包装中。

毛线

当毛线用于代替丝带时，呈现出温暖可爱之感。最好不在炎热的季节使用。

刺绣线

用于系便笺或装饰物。因为颜色丰富,所以可以选择鲜艳颜色的刺绣线作为亮点。

封口贴纸、商标贴纸

通常用于代替丝带使用。也可以使用包装纸的边角料,做些创意贴纸。

标牌

系上标牌,能够呈现出一种商店的风格。在纸或布上穿孔,手工制作十分简单(→p.145)。

遮蔽胶带

因为它易于撕下来,使用方便,同时颜色也非常绚丽,常用于闭合口袋、封装饰礼物盒等,使用范围很广(→p.145)。

装饰带

从光泽装饰带到带绒毛装饰带,各种款式应有尽有。不仅可以用于闭合口袋,也可以用于制作装饰物。

夹子

用于闭合口袋、夹住装饰物或卡片。可以反复使用,多用环保材料制作。

纽扣

使用造型可爱的纽扣作为包装的配饰,可呈现出新鲜感。可以直接粘贴在包装纸上。

装饰物

用绳子把装饰物穿起来系在包装的封口处或缠在丝带上。当包装美中不足时,加上装饰物,就会变得完美无缺。

星芒花

虽然是自古就有的装饰物,但是随着材料的变化,现在又呈现出不同的美感。尝试一下吧(→p.147)。

绒球

既可以直接贴在包装纸上,也可以捆在丝带上散发迷人的魅力。这样会更有手工制品的感觉(→p.147)。

领花、装饰花

可谓包装的重点。领花的制作工艺简单,根据材料和剪切方法的不同,呈现出不同的效果(→p.146)。

衍纸装饰

把细长的衍纸条一圈一圈地卷起来制作而成。贴在包装纸、卡片或者盒子上作装饰(→p.150)。

盒子和缓冲材料

如果把柔软的或细小的东西收纳到盒子里，就会瞬间变得清爽整洁。如果与对方关系亲密，使用空瓶子、罐子或漂亮的容器等一些可回收的物品作为包装，也是不错的选择。包装盒里如还有空间，可以填塞缓冲垫，从而避免盒内的物品晃动。

薄盒子

包装简易、种类丰富。需要注意1.5cm以下的薄盒子的包装方法（→p.47）。

方形盒子

方形等有厚度的盒子，外观呈现出可爱的感觉。但是包装时侧面与顶部、底部的处理稍有困难（→p.47）。

枕形盒子

多用于包装手帕和衣服。两端呈凹状。如果使用带有花纹的盒子，直接在上面系上丝带就可以了。

圆柱体盒子

因为没有边角，所以能够缓解外界对物品的冲击。盒子里很适合放置容易变形的帽子、领花，或者易碎的玻璃制品。

心形盒子

适用于包装表达深切思念的礼物。可以直接在上面系上丝带或搭配一些装饰物。

瓶子

瓶子这种类型的包装物，除了可以放置亲手制作的果酱之外，也可以填塞缓冲材料之后，放置一些零碎的小物品，呈现出俏皮可爱的感觉。

铁盒子

在富有可爱设计的铁盒子里，即使放置一些零碎的小物品，也会令对方开心。最好放置一些点心或者茶叶。

篮子

如果想让对方第一眼就看到礼物是什么，或者赠送的礼物较多时，可以选用篮子作为包装。如果把整体用玻璃纸再包装，内部礼物也会起到装饰的效果。

气泡膜

作为缓冲材料使用时，要把带有气泡的一边作为内面进行礼物包装。如果采用心形气泡膜，会显得更加可爱。

填充纸

也有无纺布材质的。可以自由调整填充纸的用量和形状。同时也有整体连接成一捆的、不能分开的类型。

纸垫

展开之后，变成网状。属于轻巧且体积不大的缓冲材料。如果包装坚硬且较重的物品时，建议多层重叠使用。

水果防震网套

为了使苹果或桃子等水果免受磕碰时使用的缓冲材料。也可以用于填塞盒内的多余空间。

Wrapping

关于盒子的基础知识

盒子的选择要点和制作方法

选择盒子时，要考虑盒子既能保护礼物，又能和礼物相得益彰。
有原本就有盒盖和盒体之分的盒子，也有需要自己决定顶部和底部的盒子。精心选择的礼物，当打开盒子时，如果看到礼物上下颠倒，赠送者的心意就会大打折扣。所以把礼物装入盒子时，或者包装盒子时，一定要确认盒子的顶部和底部是否颠倒。

顶部

正面（盖子）

底部

背面

底部

正面

ⓐ 盒盖与盒体分开的盒子　　ⓑ 自带盒盖的盒子　　ⓒ 枕形盒

盒子的选择

正式的场合，必须要把礼物放进盒子里赠送。吊唁的时候，不能选择带有花纹或色彩的盒子，而要选择白色的盒子。盒子的大小和形状要和礼物一致。如果礼物硬塞到盒子里，导致盒子的盖子鼓出来，外观会显得很难看，同时也会降低礼物的档次。

盒子的制作

ⓐ **盒盖与盒体分开的盒子**

盒子本身具有盒盖与盒体之分。盒盖与体的制作方法相同。

ⓑ **自带盒盖的盒子**

要自己决定盒子的顶部与底部，为了防止物品从底部掉落，要用透明胶带在底部加固。

ⓒ **枕形盒**

这种盒子本身具有上部和底部之分。为了让盒子容易打开，要先将有半圆孔的一边盖住。

背面

盒子的填塞方法

填塞盒子的小举动也能传达赠送者的心意

把礼物用薄纸包裹，或者在礼物的上下方都铺上薄纸放入盒内。
如果使用缓冲材料时，可以直接把礼物放进盒内。为了防止礼物损坏或出现污渍，
体现对礼物的珍惜，我们通常会对盒子进行填充，从而更好地保护礼物。所以不
能只在乎礼物外部的包装，盒子内部的保护也很重要。

薄纸
使用薄纸或者柔软的纸张，盖在物品之上。如果当物品整体被薄纸包裹时，上、下面可以不用再铺纸。

盒子
选择适合物品尺寸的盒子。即使有缓冲材料，如果盒子过大，也会有不协调的感觉。

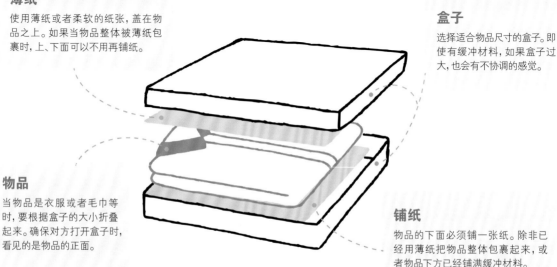

物品
当物品是衣服或者毛巾等时，要根据盒子的大小折叠起来。确保对方打开盒子时，看见的是物品的正面。

铺纸
物品的下面必须铺一张纸。除非已经用薄纸把物品整体包裹起来，或者物品下方已经铺满缓冲材料。

在物品的上、下铺薄纸

为了保持物品的整洁干净，要在盒子的底部放入一张铺纸。柔软的薄纸不易损伤物品，非常合适铺在下方。当然也可以使用剩余的包装纸。避免使用与包装纸相同花色的纸作为铺纸，这样会显得十分失礼。铺纸要剪切得比盒子底部稍小一圈。物品的上面也要铺上薄纸。如果想让对方在打开盖子的一瞬间就看到物品，可用透明纸来代替。

填塞缓冲材料

如果物品在盒子里面晃动，要填塞一些缓冲材料。当打开盒子时，缓冲材料有可能散乱，所以最好在缓冲材料的上面覆盖一层透明纸或保鲜膜。

用薄纸包裹

用薄纸包装物品时，要用重叠式包装法（→p.60）。为了便于拆开，不需要使用胶带固定。用尼龙垫和纸垫包装，会兼有缓冲的效果。

盒子的组装方法

盒盖与盒体分开的盒子

1

组装的时候，把折痕凸起的一侧向内折。盒盖和盒体虽然尺寸不同，但折叠方法相同。

2

折叠盒体的左右两侧。沿着盒体的边缘，折出清晰的折痕。

3

展开侧面，折叠正前方一边和相对的一边。

舌头

4

把两个舌头折进去，用靠近自己的这边的纸覆盖住。

5

把侧面按压的部分，覆盖在正前方一边的按压部分上。这样折叠后夹入的部分就会被固定住。

6

用相同的方法折叠相对的一侧，再用相同的方法折叠盒盖，组装，完成。

自带盒盖的盒子

1

把手放进盒子内部，使盒子呈立体状。

2

底部正前方的一侧，即凹凸部分的凹边向内折。

3

折底部的左右两个侧面，把侧面的舌头插到靠近自己一边的凹边的下方。

4

闭合底部。用手指的第二关节抵住盒子的棱边，然后把底部的凸边用力地按进去。把盒子还原时，最好不要拉拽，而要用力按进去。

5

在盒子内部，给底部贴上透明胶带。如果事先加固底部，物品就不易脱落。

6

把顶部的左右两面的舌头折进去，然后盖上盒盖，闭合顶部。

25

包装
美观的要领

了解材料的操作基础

美观的包装，是指包装纸没有褶皱或松弛，紧紧地贴合并包裹住礼物，再拉展丝带，巧妙地系在包装纸上。这种水平是在充分掌握材料的操作基础之后才能够达到的。那么现在就认真学习在包装中需牢记的基础知识吧。

正确地选纸

所谓选纸，是指确认所选包装纸是否符合包装方法的尺寸，如果有必要，需要进行裁剪。

把包装纸的正面，围着礼盒的外面折叠

右手抓住裁纸的标记直至折出折痕。为了不损坏纸的表面，必须把包装纸的正面朝外。

必须进行再次确认!

选好纸之后，必须再一次包住盒子，确认纸张是否符合尺寸。不要把裁剪掉的废纸和要用的纸混淆了。

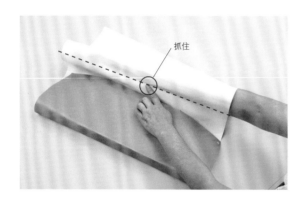

抓住

使用美工刀裁切

裁切包装纸时，必须使用美工刀。

把刀刃推出5cm以上

把刀刃推出5cm以上，使推出刀刃的2/3紧紧地贴在桌子上，这样就可以笔直地裁切。

刀刃的1/3部分与纸边呈45°角!

裁切的时候，保持纸和刀刃呈45°角，使用刀刃的前1/3部分进行裁切。如果角度不对，或由于纸张比较结实，所以不易裁切掉。

不要使用过大的力气裁切

用拇指和食指按住纸张，然后裁切这两指之间的部分，像爬行中的尺蠖虫那样，不断移动拇指和食指，并慢慢推进刀刃。不能用力过度是诀窍。

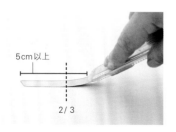

5cm以上

2/3

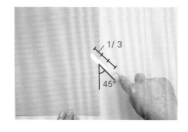

1/3

45°

把桌子弄整洁

必须洗手
并擦干

准备一个随时
能够扔垃圾的
收纳袋

细心包装

仔细折叠纸的边缘，在包装过程中尽量避免晃动盒子，
这些别人看不到的工作，也是必须细心认真地进行。

折边

折边，就是稍微折叠包装纸的边缘。因为裁切后的毛边既
粗糙又难看，也会令开封礼物的人担心划破手指。所以折
边的宽度比双面胶带稍微细一点，往内折1~2cm。

不要使盒子鼓起来

尽量静置盒子进行包装，这是出于对礼物的珍惜保护，同
时可以避免最后分不清顶部和底部的情况。所以尽量不
要手持并一圈一圈地转动盒子进行包装。

用双面胶带粘贴

粘贴包装纸的时候，需要使用双面胶带。
透明胶带是能够用肉眼看见的，所以不推荐使用。

用指甲垂直掐住

双手拿双面胶带使其与身体平行，剪切的时候，把右手拿
的双面胶带的一边弯折成90°角，用左手的拇指指甲掐
下。如果使用手指指，会使双面胶带粘到手上从而降低操
作效率。剪刀也会因为黏合而剪出不规则的边缘，所以也
不推荐使用。

一边拉紧包装纸一边粘贴

在折边上贴双面胶带时，要贴在靠近折边折痕的边缘。
胶带长度要在最小限度之内，使胶带边缘事先稍微翻折
出来。粘贴时，一下子把边缘翻折的部分撕下，然后一边
绷紧纸张，一边慢慢地黏合。

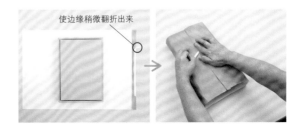

使边缘稍微翻折出来

系丝带花结的要领

记住步骤，用力拉紧

系丝带花结的正确步骤，很多人都不知道。

一旦学会，不仅是包装上的丝带，就连衣服上的丝带也能系出花结。

另外，**系丝带花结时，如果过于温柔也是系不好的。用力拉紧才是正确的操作。**

记住步骤和要领，就可以掌握美丽的丝带花结的系法。

蝴蝶结的基本步骤和要领

1. 利用盒子的棱边打结

利用盒子的棱边打结，容易将结打紧。

2. 下面的丝带做成蝴蝶结的第一只翅膀

如果先把位于上面的丝带做成蝴蝶结的第一只翅膀，蝴蝶结就会变成纵向结。

蝴蝶结的第一只翅膀

3. 另一端丝带从第一只翅膀的上面绕过去

如果从下面绕过去的话，蝴蝶结就会变成斜的结。

4. 丝带再穿进圈里，就做成蝴蝶结的第二只翅膀

如果使用食指和中指，容易把第二只翅膀拉出。

第一只翅膀

蝴蝶结的第二只翅膀

5. 按住蝴蝶结的腿部，同时拉紧根部

用双手的食指和中指捏住蝴蝶结根部，向两侧拉，将根部拉紧。

用手按住

> **温馨提示**
>
> 用小指按住蝴蝶结的腿部，不要一下子用力拉紧，而要一点一点地拉紧，这样才会显得整洁漂亮。

※ 拉紧双面丝带蝴蝶结（→p.108）、双层蝴蝶结（→p.109）的时候，按压的位置是不同的，这点需要注意。

美丽的蝴蝶结

蝴蝶结的翅膀和腿部整齐一致，才会显得协调好看。如果想稍微拉长腿部，用手按住蝴蝶结的结扣，蝴蝶结就不会歪斜。如果想把系好的蝴蝶结从盒子的棱边移动到中间，要按住结扣移动。

翅膀过大
如果翅膀过大，会一种头重脚轻的感觉。

腿部过长
如果腿部过长，会有不协调的感觉。

腿部杂乱无章
如果不按住腿部拉紧结扣，会显得凌乱、不好看。

一只腿过长的解决方法
为产生举一反三的效果，可以把一只腿弄卷，也可以缠在绳上，还可以用贴纸固定住。

处理丝带的末端

处理蝴蝶结末端时，要认真细致。要给人一种"就连蝴蝶结的末端这样的细节都很到位"的好印象，所以有必要好好处理末端。

剪成V字形
把丝带两边对折剪一刀，会留下剪刀痕迹，即使比较麻烦，也要从两边向中间慢慢剪。

剪成斜边
使外边稍长，斜着剪，寓意好运延伸到永远。如果角度太过，或者内边太长，会显得不协调。

剪成锯齿形
用锯齿剪刀，与丝带呈垂直方向剪切。

末端各打一个结
如果末端是不能用剪刀处理的绳子，就在末端打一个结。

末端不处理
末端不处理整齐，会显得十分失礼。

打结的位置过于靠上
打结的位置应在末端往上1cm以内。如果过于靠上，会让人感觉打过结之后忘记剪掉末端。

丝带变卷的方法

把丝带夹在剪刀背和手指之间，用力捋，就变成了卷状。必须是在丝带系过盒子或物品之后，再使丝带变卷。

用力 ——— 轻轻地捋

如果用力捋，会呈现一圈一圈的小卷。如果轻轻地捋，会呈现松软的大卷。

1 用剪刀抵住自然弯向的内侧。

2 捋的时候，尽量一次捋好。如果捋三次以上，丝带卷就会变得不好看了。

Q 购买丝带的时候，什么是标准长度？

A 可根据盒子的大小和打结的方法决定。V字形蝴蝶结和十字形蝴蝶结需要较长的丝带。请参考右边的例子。

在长18cm×宽13cm×高5cm的长方体上系十字形蝴蝶结时，需要丝带130cm。

包装材料的保存方法

保存好材料，再次使用

保存包装纸需要注意的是：光照、灰尘和湿度。为了不使包装纸褪色或者留下折痕，最好的方法是摊开放在阴凉干燥处。如果没有空间，可以将它们卷起来立在盒子里，或者在其上面盖一层布。也可以参考剩余的包装材料的再利用方法。

成捆的包装纸

用两根圆筒撑在折叠成三层的包装纸的弯曲处。也可以用广告纸等硬质纸卷成圆筒。

在使用广告纸卷圆筒时，要把卷筒的两边稍微往内折进去一点，这样显得更加整齐。

丝带

把丝带松松地卷成圆形，放在装甜点等有隔层的盒子里保存。如果放在有拉链的袋子里，为了避免压坏丝带，放置时应充进点空气。

少量包装纸

卷成筒状
在卷成筒状时，不要用力，要用手掌轻轻按压，边压边卷。

用手轻轻地转动纸卷
用手卷纸时，要用手指捏住包装纸的边，轻轻地卷好。

用力握紧卷纸
✕

用废纸卷在包装纸外面固定住
用橡皮筋或透明胶带固定，会给包装纸留下痕迹。要用废纸卷在包装纸外面固定。

不同的包装纸卷在一起时，要依次错开露出纸边
把多张不同的纸卷在一起时，要依次错开卷纸的位置，以便能够一眼看到不同的纸。

放入圆筒中
✕

用手使劲卷的时候，会留下很深的皱纹。把包装纸卷起来放入圆筒中也是不可行的。因为放在一眼看不见的地方，会很难再想起来利用。

消除包装纸的皱纹

展开纸卷之前，要确保包装纸在比较宽阔空间下展开。和纸卷褶皱的方向相反，斜着卷进去，便可以重新利用了。

用熨斗熨丝带

再次使用丝带的时候，要用低温熨斗熨丝带。虽然可能有点麻烦，但为了丝带花结更加展美丽，还是需要熨烫的。如果丝带的材质比较薄，熨烫时要加一层垫布。

Q 不能用熨斗熨纸吗？

A 不推荐使用。如果这样做的话，当冷遇热时，会使包装纸出现褶皱，且会使其变色。

剩余材料的再利用

小片的包装纸或短丝带也可以重新再利用。根据创意把剩下的材料进行改造。

●做成标签贴纸或封口贴纸
按照花样的形状剪切下来，或者剪成圆形或者星形等自己喜爱的形状，在背面贴上双面胶带，就做成了标签贴纸和封口贴纸。

●做成盒子铺纸
也可以剪成符合盒子底部尺寸，作为盒子铺纸使用。如果纸质较硬，可以揉皱之后作为缓冲材料使用。

●做成领花或者星芒花
对废纸进行再利用，把柔软的纸做成领花（→p.146），把坚硬的纸做成星芒花（→p.147）。

●点缀包装纸的创意设计
即使只剩下几条若干厘米的丝带，也可以做成点缀主要包装的创意设计。（→p.45，p.55）。

●做成手工袋子
如果是特别喜爱的包装纸，可根据材料的大小做成手工袋子。如果提前做成，用时会很方便。（→p.163）。

●做成标牌或装饰物
把剩下的纸剪切粘贴成标牌，或用遮蔽胶带做装饰。也可以盖上邮戳，增添信息。

●做成装饰蝴蝶结
充分发挥想象组合成各种形状。即使不能系的小丝带，也可以用订书机固定在一起。

●做成小费袋或者礼签式装饰物
可以使用和纸制作，也可以使用和纸以外的材料制作，这样给人一种可爱的现代感（→p.67）。

●做成纸卷
把纸剪切成细长条，像卷丝带一样，用剪刀使劲地捋，使其卷起来（→p.29）。除了用作装饰物之外，还可以作为缓冲材料使用。

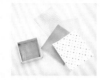

Wrapping

包装精美的要领

关键是纸和丝带的颜色搭配

精美的包装，是指包装整体融为一体，具有一种和谐之美。
关键是纸和丝带的颜色搭配，
需要确认素材和质感的搭配。
跟随流行趋势，也可以很容易带入季节感。

颜色搭配的要领

包装纸和丝带的颜色搭配，决定了礼物的第一印象。色相可以作为参考。同色系自然可以组合在一起，相对色系的也可以撞色搭配。

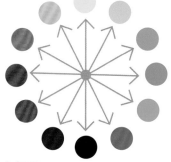

对比色系（互补色）──相反色

如此配色，可以互相衬托色彩。虽然对比色给对方留下强烈的印象，但也可能会使其眼花缭乱。所以要适度改变颜色浓度。

同色系──相近色

同色系组合，很少不能搭配。但是，如果包装纸和丝带都是浅色的，不容易给人留下深刻印象。所以其中之一采用深色，会显得张弛有度。

色相环
这是给配色提供参考的色相环。把代表性颜色排列出来。

使用配合重大节日活动的颜色

选择重大节日活动独有的配色，能够简单直接地传达目的和烘托气氛。相反，如果赠送的礼物与重大节日活动没有关系，即使使用了重大节日活动独有的配色也是不合适的。可以缩小使用配色的面积，也可以改变颜色的饱和度等，做适度的调整。

金色、银色、素色都是万能配色

金色能够搭配所有颜色。除了协调颜色之外，还增加了华丽之感。其次是银色，再者就是白、黑、灰等素色。黑色虽是丧事的代表色，但有光泽的黑色或带有金丝的黑色也可以表达吉祥的意思，这点需要稍加注意。

即使是同色系，色彩浓度和质感的不同，也会产生不同的印象。

丝带使用包装纸上的一种颜色

可把包装纸上的一种配色作为丝带的颜色。如果丝带是浅色的话，容易跟包装纸融为一体，所以尽量选择鲜艳的颜色或者深色。纸张和丝带有清晰的界线，才会显得协调。

观察整体的协调感

把纸和丝带并列摆在桌子上，用眼睛观察整体是否协调。因为脑子里的印象和实际的印象大多不尽相同，用此方法不仅可以确认颜色是否搭配，还可确认质感是否相配。

花纹纸搭配花纹丝带的难度

适合搭配在一起的组合是：单色+单色，或者是花纹+单色。相同花色的组合，受个人喜好的影响较深。所以当不知道对方的爱好时，请尽量避免该方法。

引入流行元素

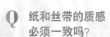

从流行元素中发挥创意，自然地融入季节感。也可以参考对方的日常穿着来进行包装设计。

波点大衣
把主要的波点花纹作为包装纸，把翻折的袖口上的白底作为丝带，把袖口的洋梨花纹作为装饰物。

水手服
把素色的条纹作为包装纸，把口袋作为标签，把红色的头巾作为丝带，会显得格外抢眼。

礼服裙
用无纺布营造出连衣裙的蓬松感，采用和主体一致的缎纹丝带系两层，制造出质感，把礼物做成花束状。

Q 纸和丝带的质感必须一致吗？

A 没有必要，不过质感一样的话不容易出错。素材的厚度和坚硬度、风格等都是能够左右礼物给人的感觉的重要因素。当感觉整体不太协调时，要首先确认一下质感是否一致。

不同的质感
即使是相同颜色的丝带，也分为光滑的、柔软的、褶皱的、粗糙的等。

故意搭配质感不一致的材料
给柔软的无纺布上，系上粗糙的拉菲草绳蝴蝶结。虽然质感极不一致，但却别有一番趣味。

颜色搭配一览表

杏色和象牙白色等传统颜色，可以搭配任何颜色。根据丝带的不同，会呈现不同的印象，但每一种都典雅美丽。

杏色纸 + 金色丝带

杏色纸 + 银色丝带

杏色纸 + 白色丝带

杏色纸 + 红色丝带

杏色纸 + 蓝色丝带

杏色纸 + 黄色丝带

杏色纸 + 绿色丝带

杏色纸 + 橙色丝带

杏色纸 + 粉色丝带

杏色纸 + 紫色丝带

杏色纸 + 黄绿色丝带

杏色纸 + 淡蓝色丝带

【 单色纸 】

即使是相同颜色的单色纸，丝带颜色的不同，给人的感觉也会不同。
如果是同色系搭配或者相反色系搭配，会使颜色反差更大。

红色纸 + 绿色丝带

绿色纸 + 红色丝带

粉色纸 + 红色丝带

红色纸 + 粉色丝带

绿色纸 + 黄绿色丝带

浅粉色纸 + 杏色丝带

淡蓝色纸 + 淡黄色丝带

黄色纸 + 粉紫色丝带

淡紫色纸 + 黄色丝带

淡蓝色纸 + 蓝色丝带

黄色纸 + 橙色丝带

淡紫色纸 + 蓝色丝带

【 花纹纸 】

和图案花纹纸最相配的是单色丝带。图案花纹＋图案花纹的搭配，
会根据对方的喜好给其留下不同的印象，所以要注意材料的选择。

玫瑰图案（白色、粉色）
＋条纹图案（粉色）

波点图案（白色、淡蓝色）
＋淡蓝色

文字图案（白色、黑色、深红色）
＋深红色

格纹图案（蓝色、淡蓝色、淡紫色、黄色）
＋淡茶色

草莓图案（白色、红色、绿色）
＋条纹图案（金色、粉色）

木槿花图案（粉色、杏色、茶色）
＋玫瑰红色

波点图案（白色、蓝色、黄色、黄绿色、深蓝色）＋黄色

动物图案（白色、橙色）
＋格纹图案（白色、黑色）

格纹图案（白色、橙色）＋黄绿色

聚会图案（粉色、杏色）＋蓝色

水果图案（白色、红色、绿色、黄色）
＋紫色

饮料图案（白色、绿色）
＋格纹图案（白色、黄色）

02

包装的基础
教程和创意设计

本章把包装的基础教程分为包装特点、包装成功的要领、所需纸张尺寸、裁纸的方法以及包装方法等板块，用最通俗易懂的语言进行详细的说明。介绍了无论是四边形盒还是圆柱形盒、六角形盒，甚至是枕形盒等，各种形状的盒子都可以采用的包装方法。以创意设计、举一反三以及推荐的装饰方法，尽情地享受包装的乐趣吧。

Lesson 1

接合式包装

这种方法简单易学，即使是初学者，也几乎不会出错。
只需用到少量的纸张，并且步骤简单，可谓趣味无穷。

正面   背面

Data

被包装物	任何物品都可以被包装，但包装时需要把盒子背面朝上，不分顶部和底部的物品不能采用此方法。
用纸量	用纸量少。
纸的花纹	格纹、条纹图案如果错开，接缝处会格外醒目，所以操作稍有难度。对于初学者，推荐使用单色花纹或全花纹纸。
纸的选择	各种质感都可以。

♥ 包装成功的秘诀

即准确无误地裁纸。把纸贴到盒子背面时，要把纸从两侧往中间慢慢推进，这样能够紧紧地包裹住盒子。之后就按照步骤慢慢进行，自然而然地完成。

所需纸张尺寸

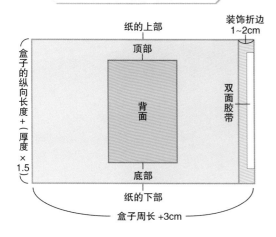

纸的上部

装饰折边 1~2cm

顶部

盒子的纵向长度 + （厚度 × 1.5）

背面

双面胶带

底部

纸的下部

盒子周长 +3cm

接合式包装法的选纸方法

捏住

1 选择纸张的长度

把盒子放置在纸的中央，然后把纸的左边翻折过来覆盖盒子，与盒子的右端对齐。用右手捏住比盒子周长长3cm的位置。

2

保持右手捏住纸张不动，把盒子抽出来。沿着手捏痕迹的地方进行折纸，把纸上下边笔直地对齐折出折痕，用美工刀进行裁切。

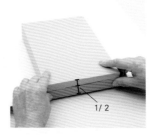

3 选择纸张的纵向长度

把纸张与盒子底部厚度的1/2处对齐。

1/2

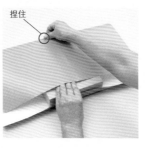

捏住

4

把纸的上部翻折过来覆盖盒子，用右手捏住与盒子顶部重合的地方。沿着手捏痕的地方，笔直地折出折痕，用美工刀进行裁切。

5 再次确认纸张尺寸

用纸再次包住盒子，确认纸张尺寸是否正确。

温馨提示

不要将裁切好的纸和不要的废纸混淆。

4

把纸的右边覆盖在盒子上，与盒子的中线重合。

温馨提示

为了使双面胶带不粘在盒子上，最好按住纸的下部。

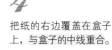

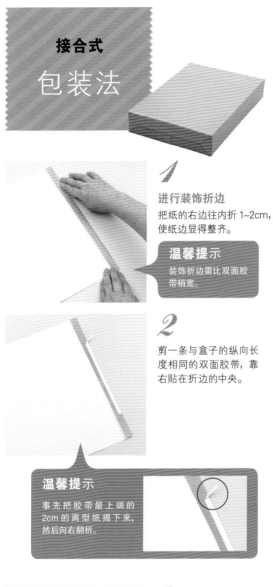

接合式
包装法

1

进行装饰折边

把纸的右边往内折 1~2cm，使纸边显得整齐。

温馨提示

装饰折边需比双面胶带稍宽。

2

剪一条与盒子的纵向长度相同的双面胶带，靠右贴在折边的中央。

温馨提示

事先把胶带最上端的 2cm 的离型纸揭下来，然后向右翻折。

3

决定盒子的位置

把盒子背面朝上，放在纸的正中央。

背面

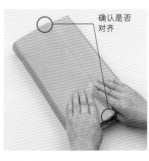

确认是否对齐

5

纸的左边也覆盖在盒子上，同时确认纸张的上下边缘没有错开。

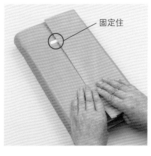

固定住

6

贴包装纸

把纸的右边抽出来盖在纸的左边之上，用事先翻折出的 2cm 的胶带固定住。

7

把纸往中间慢慢挪动，从翻折的胶带处慢慢揭下离型纸，用右手紧紧地按住纸张，然后慢慢黏合。

 8

重复步骤 *7*，直到全部
黏合住。

温馨提示

慢慢黏合可以防止出
现偏差。

 9

闭合顶部和底部

把盒子调整到纸张的中
间，折顶部的上边。按
照相同方法折叠底部。
先固定顶部和底部，就
可以防止纸张错开。

10

折底部侧边时，从左侧
开始折叠出与盒子棱边
对齐的整齐三角形。右
侧按照相同的方法折叠。

与侧边的
折痕吻合

11

把底部的下边往上折，
在底部厚度的 1/2 处再
向外翻折出折痕。

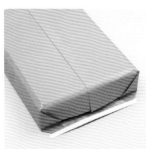

12

沿着在步骤 *11* 处的折
痕，向内折出装饰折边，
然后贴上双面胶带。胶
带的长度稍微超出装
饰折边的边长。

13

揭掉离型纸，将底部粘
好，用同样的方法闭合
顶部。如图所示，如果
接缝处的顶点正好对
齐，会显得更加精美。

温馨提示

可以把双面胶带超出的
部分折到内侧。

推荐的装饰方法

十字形蝴蝶结

如果想给人留下深刻的印象，
最好的捷径就是十字蝴蝶结。
系上宽宽的丝带，呈现出安定
感和安心感。

系法、制作方法 » p.106

绣球花结

把不同粉色的丝带组合在一
起，制作成绣球花结，会显
得十分华丽。在纯色的接合
式包装上，绣球花结映衬得
更加美丽动人。

系法、制作方法 » p.111

装饰线

把绳子斜着系或者呈 V 字
形系。把蝴蝶结的一条腿
卷成卷，缠在绳子上。

系法、制作方法 » p.105、
p.107

 Part
02

包装的基础教程和创意设计

Lesson 2

接合式包装法的创意设计

本章介绍了加入褶子、插入彩纸，
或者扩宽纵向长度折成蛇腹形装饰等创意设计。
简单且不费工夫的步骤正是接合式包装法的优点。
方形的盒子和薄盒子，也可以采用拓展应用方法，
会使包装更加绚丽夺目。

纵向褶式包装法

LEVEL ★★☆☆☆

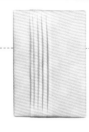

褶子的位置靠近左侧。如果靠近右侧的话，下面的纸张可能会跨过侧面，寓意"从人的身上迈过"，这是有失常礼的。根据个人喜好，可选择 3 条、5 条或者 7 条褶子。

所需纸张尺寸

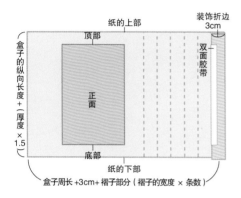

装饰折边 3cm

纸的上部

顶部

盒子的纵向长度 +（厚度 × 1.5）

正面

双面胶带

底部

纸的下部

盒子周长 +3cm+ 褶子部分（褶子的宽度 × 条数）

1

取纸。**纸张的宽度 = 盒子周长 + 3cm + 褶子**（每条褶子 3cm × 5 条）、长度与标准长度相同。褶子的宽度根据自己的喜好而定。

2

将纸的右端折一个 3cm 的折边，把与纸盒长度相同的双面胶带贴到折边的左侧。这就做好了第一条褶子。

正面

3

从右边开始依次向外折叠，共折 5 个褶子。

温馨提示
卷起来折的时候，宽度会出现偏差，所以不可行。

4

纸的正面朝上，从贴双面胶带处开始折出褶子。从距离步骤 3 折出的折痕大约 1cm 处，依次折出每条褶子。

5

把纸翻过来，为了避免褶子展开，用透明胶带固定住。

6

正面朝上，包装盒子。把带有褶子的一边稍微靠左覆盖住盒子。

7

再把纸的左边覆盖住盒子，为了使褶子在上，抽出带有褶子的一边，覆盖住纸的左边，并粘贴在一起。

8

把盒子背面翻过来朝上放置，把顶部和底部按照基本方法闭合，完成包装。

横向褶式包装法

LEVEL ★★★☆☆

横向褶子比纵向褶子稍难一点。在此，介绍的是制作三条褶子和口袋（深度5cm）的方法。在口袋里可以插入卡片或者留言条等。

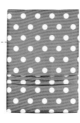

所需纸张尺寸

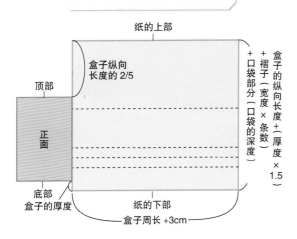

纸的上部

盒子纵向长度的2/5

顶部

正面

底部
盒子的厚度

纸的下部

盒子周长 +3cm

+ 盒子的纵向长度+（厚度×1.5）+ 褶子（宽度×条数）+ 口袋部分（口袋的深度）

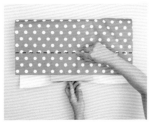

1

取纸。纸张的纵向长度是盒子的纵向长度+（厚度×1.5）+褶子部分（3cm×3）+口袋部分（5cm）。横向宽度和标准宽度相同。

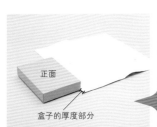

正面

盒子的厚度部分

2

将纸的背面朝上放置。纸张留出与盒子的厚度相同的长度，把盒子横向放置在纸边。

温馨提示
注意不能宽于盒子厚度。

折纹下方的位置❶

3

决定褶子下方的位置（❶）。褶子位于下方给人一种安定感。在决定的位置，把纸翻折上来。

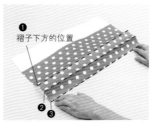

褶子下方的位置

❶
❷❸

4

在步骤 3 决定的位置，依次向上外翻折出折痕。在这里，以每条褶子3cm的宽度折3次。

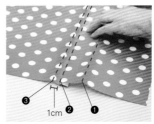

❸
1cm ❷❶

5

距离步骤 4 折出的折痕约1cm的宽度，依次折出每条褶子。

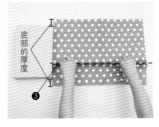

底部的厚度

❸

6

在❸处制作一个深5cm的口袋。把盒子横向放置在纸边，在纸的上部和下部都要留出相当于盒子厚度的长度留出相当于盒子厚度的长度。

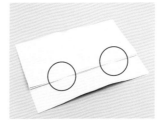

7

把纸张翻过来，使其背面朝上。为了避免褶子展开，在左右两面贴上透明胶带固定。

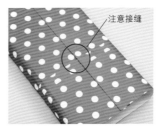

注意接缝

8

在纸张的右端折装饰折边，按照基本步骤把盒子包裹起来。在盒子背面把纸左右粘贴在一起的时候，褶子要整齐地粘贴在一起。

9

可以直接把褶子放平在盒子上，但如果使褶子稍微立起来，会显得更加夺目。最后把三条褶子立起来之后，完成包装。

插入彩纸式包装法

LEVEL ★☆☆☆☆

即在主要的包装纸中插入一张不同颜色或花纹的纸的创意包装方法。如果把它运用在接合式包装法中，操作既简单外观又整洁。把喜欢的纸张搭配起来，挑战一下传统包装法吧。

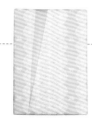

所需纸张尺寸

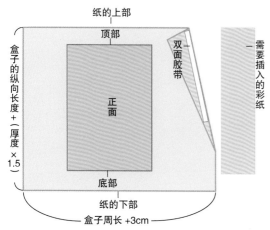

纸的上部

顶部

盒子的纵向长度+（厚度×1.5）

双面胶带

正面

需要插入的彩纸

底部

纸的下部

盒子周长+3cm

1

选取所需尺寸的纸。把纸的左右两边都覆盖在盒子上，把需要插入纸的部分，沿斜线向外翻折。

双面胶带

正面

2

沿着折出的斜线折痕翻过来往内折，在折叠部分的右端粘贴上双面胶带，把盒子正面朝上放在包装纸上。

3

把右侧纸盖在盒子上，把要插入的彩纸紧贴在插入位置，剪去下面多余的纸。

4

根据喜好决定是否对插入的彩纸进行装饰折边。

5

再次把纸张的左右两边分别覆盖在盒子上，确定位置，慢慢揭掉双面胶带，把插入的纸完全黏合住。

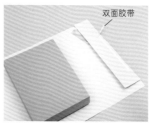

双面胶带

6

插入的彩纸被固定后，在插入纸的右端，贴上与盒子长度相同的的双面胶带。

7

把纸张的左右两边覆盖在盒子上，用胶带黏合住。按照基本步骤，完成包装。

Q 还有其他插入彩纸的方法吗?

A 接缝处的线条不仅可以是斜线，也可以是直线。可以把用锯齿剪裁剪后的无纺布加上褶子贴在合缝处，也可以把几条丝带搭配在一起贴在合缝处，充分发挥自己的想象力进行创作吧。

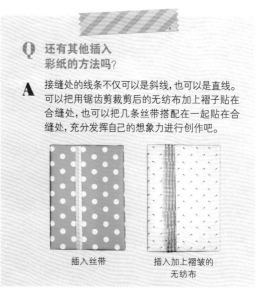

插入丝带　　插入加上褶皱的无纺布

孔雀开屏式包装法

LEVEL ★★★☆☆

把蛇腹折在中央折叠后对齐，看起来像孔雀的样子，因此称为"孔雀开屏式包装法"。需要注意的是，如果蛇腹折的条数太少，就不能很漂亮地展开。

所需纸张尺寸

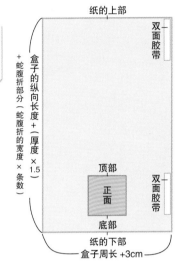

纸的上部

双面胶带

盒子的纵向长度+〔厚度×1.5〕+蛇腹折部分（蛇腹折的宽度×条数）

顶部

正面

底部

双面胶带

纸的下部

盒子周长+3cm

1
选取所需尺寸的纸。横向长度和标准长度相同，纵向长度是标准长度+蛇腹折部分（在这里是3cm×5条）。

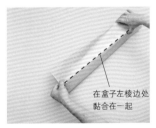

2
在纸的上下部分别贴上1条和盒子边长相等的双面胶带，使接缝紧贴在盒子的左棱边处。

在盒子左棱边处黏合在一起

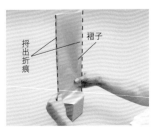

将出折痕　褶子

3
按照基本步骤闭合底部，使盒子立起来，在褶子的左右两边挤出折痕，向上展平。

双面胶带

4
把盒子放倒，背面朝上，在褶子顶端往下折1cm，粘贴上双面胶带。

5
再折一次，用双面胶带固定住。

6
将盒子立起来，折蛇腹折。

温馨提示
折的时候，不能把盒子颠倒过来。

7
一直把蛇腹折折完。即使到最后褶子的宽度不够，也不明显。

8
在盒子中央用2条不同色的丝带系上蝴蝶结，再把蛇腹折打开呈V字形。处理丝带的末端，最后用双面胶带把左右两边的蛇腹折黏合在一起，完成包装。

 小知识

如果是细丝带的话，可以在丝带末端系个结，或者如图所示，可以拉长一只腿，缠绕在丝带上。

方形盒子的
包装法

LEVEL ★★★☆☆

包装方形盒子时，底部不需要进行装饰折边。在盒子中央，使顶点正好对齐。

1
选取所需尺寸的纸。包装纸的长度是盒子的纵向长度+厚度+（2~3）cm，横向长度是盒子的横向周长+3cm。

顶部
背面
底部

2
把盒子背面朝上放在裁好的纸上。与基本步骤相同，把纸张的左右两端分别覆盖在盒子上进行包裹。

3
使纸的接缝与左右两边的顶点以及下边的顶点重合。闭合上部。完成包装。

温馨提示
在盒子中央，所有的顶点全部对齐，会显得整洁漂亮。

薄盒子的
包装法

LEVEL ★★★☆☆

厚度是1.5cm以下的盒子，在处理顶部和底部时，先把纸的左右两边覆盖在盒子上。也可以不进行装饰折边。

1
按照基本方法选纸。横向宽度是盒子周长+3cm(和标准一致)，纵向长度是盒子纵向的长度+厚度+1cm。

2
与基本步骤相同。先把纸张左右折叠。底部先把左右两边折叠进去。

温馨提示
先把左右两边折进去固定。

3
在底部的下边贴上双面胶带。可以把露出的部分折进去。

4
闭合底部，按照相同的方法闭合顶部。

斜线式包装法

在基本包装方法中最难的要数斜线式包装法。
这种方法虽然用纸量大，但是因为具有包装迅速、
打开容易、外观美丽等优点，
所以是百货商店经常使用的包装方法。
这是日本独有的包装方法。

正面

背面

Data

LEVEL ★★★★☆

被包装物	任何物品都可以被包装，但因为包装过程中要把盒子颠倒两次，所以最好避免包装较重或者较大的物品。
用纸量	用纸量大。
纸的花纹	如果使用花纹纸，会呈现出斜的花纹。当使用条纹或者格纹的纸张时要格外注意。有上下之分的纸张，在开始包装时要确认放置方法。
纸的选择	因为方法充满技巧，所以要避免使用过硬或过软的纸张。

♥ 成功的秘诀

最关键的是开始包装时的盒子的位置。包装时，为了不使盒子和纸张错开，要一边紧紧地按住，一边包装。在肉眼看不见的内侧，需要使纸张紧贴在盒子边缘，这样才会防止错开或松弛。

所需纸张尺寸

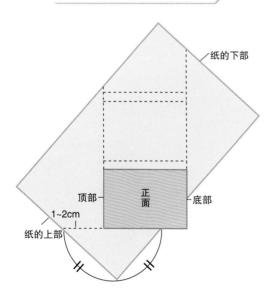

纸的下部

顶部 — 正面 — 底部

1~2cm

纸的上部

斜线式包装法的选纸方法

1

确认纸张大小

把纸倾斜放置，使盒子的右角稍微超出纸张，如图将纸覆盖在盒子上，折出一个等腰三角形。

盒子的角稍微超出

温馨提示

如果折的三角形过大，会导致最后结束时剩下的纸量变少。所以要好好斟酌之后再折叠。

2

等腰三角形的底边需要超出盒子 1~2cm。不足 1~2cm 的时候，要调整盒子的位置。

1~2cm

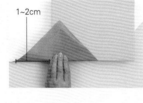

3

覆盖住里面的纸，使盒子的左端被覆盖住。

温馨提示

如果纸张过大时，需要折出更大的等腰三角形或者裁切纸张。如果纸张过小，需要更换纸张或者转半圆式包装法。
(→ p.53)

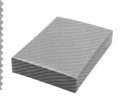

斜线式
包装法

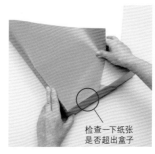

4

把纸的左边覆盖住。同时检查纸张是否超出盒的正前方。

检查一下纸张
是否超出盒子

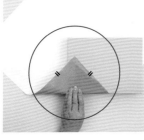

1

把正前方的纸覆盖在盒子左边

把正前方的纸覆盖在盒子上,折出等腰三角形。

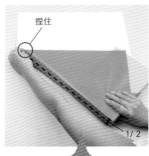

捏住

5

把盒子放倒

右手抓住盒子,左手捏住盒子厚度的1/2处的延长线。

1/2

温馨提示

右手紧紧地抓住盒子,避免纸张发生偏离。

2

用右手拇指把纸紧紧地抵在盒子左侧的边缘处。

使纸紧贴着
盒子的左侧

3

拉起纸的左边,把它紧紧地贴合在盒子边缘。

温馨提示

把纸从盒子边拉起来折向盒子内侧之后,一点一点地把纸挪到盒子边框处,会折得更加整齐。

6

一边用左手把纸慢慢向右挪动,折出褶子,一边把盒子立起来。

温馨提示

不能先使盒子立起来。

7

立起来之后,用指尖按压盒子的边缘,使纸紧贴着盒子。

温馨提示

如果褶子乱的话,需要先整理纸张使其紧贴盒子的边。

8

为了使纸张与盒子在左端重叠一致，要把盒子放倒。

9

纸的右边覆盖在盒子上

按照相同的方法使纸的右边覆盖住盒子。

10

后方的纸覆盖住盒子

左手指按住顶部的右端，右手把纸紧贴着盒子覆盖上来。

用手指按住

11

把后方的纸覆盖在盒子上。

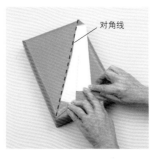

对角线

12

做出装饰边

顺时针旋转盒子，使盒子纵向放置。把纸向外翻折出连接左下角和右上角的对角线。

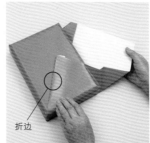

13

再次打开，把左手边的纸沿着对角线方向向内折边。

折边

折边

14

右侧纸也要沿着步骤 *12* 折出的折痕，向内折进，再一次覆盖住盒子。

15

折出一条以右下角为顶点和对角线垂直的线。

温馨提示

把后方的纸覆盖住盒子时，为了使沿着盒子边缘覆盖过来，最好要用手指按住折叠。

温馨提示

这时，要确认对角线是否十分正确地垂直在一条线上。如果发现错开，需要重新折叠。

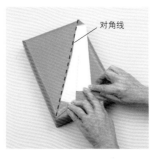

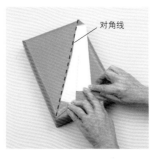

Part 02

包装的基础教程和创意设计

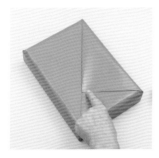

16

再向内侧翻折进去，再次盖住盒子。

17

在纸张重合的折痕处可以用封口贴纸或者双面胶带固定住，完成包装。

横一字形双层蝴蝶结

在呈横一字丝带上系双层蝴蝶结时，注意蝴蝶结的体积大小要合适，这样会显得更加协调。

系法、制作方法 » p.103，p109

V 字形蝴蝶结

在素雅的包装上，上下、左右都系上V字形丝带会显得格外抢眼。为了避免遮住包装纸，最好使用细丝带。

系法 » p.107

在包装正面制作口袋

在包装正面制作出口袋，插入留言卡片，用夹子固定住。使用贴布装饰的包装纸，会显得更加美丽夺目。

制作方法 » p.52（小知识）

Q 为什么折的过程中会出现松弛或者错位的情况？这是什么原因造成的呢？

A 为了防止纸张和盒子出现错位的情况，要用手紧紧地按住，包裹在里面的纸要沿着盒子的边缘包裹，这是斜线式包装的秘诀。在用纸盖住盒子时，一定要如图片所示，用手按住盒子，用手抚平盒子和纸张之间的松弛部分。

小知识

把斜线式包装的接缝线作为口袋，作为包装的正面属于创新方法。这时，要注意盒子的放置方法。和基本步骤不同的是，把反面朝上放置进行包装。制作口袋时，以右下角为顶点与对角线垂直的线也要进折饰边，最后用双面胶带固定住。

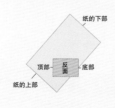

把盒子的反面朝上放置，这点与基本步骤不同。

在口袋处用夹子固定或者插入卡片，都显得更加完美。

转半圈式
包装法

举一反三

LEVEL ★★★★☆

斜线式包装法是把盒子转动两圈，但是转动半圈式包装法正如名字所示，只转动半圈。因此，即使再小的纸也能够包装。要点是把盒子置于其中，不使其超出纸张进行包装。在包装笨重物品时，转动时要特别注意。

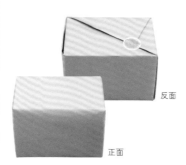

反面

正面

1

把正前方的纸、左侧纸覆盖在盒子上

把纸倾斜放置，把正前方的纸覆盖在盒子上。

温馨提示

盒子的右下角置于纸中，而盒子的右上角露出于纸。

露出

遮住

2

与斜线式包装法步骤相同，再把左侧纸盖住盒子。

3

放倒盒子

与斜线式包装法步骤相同，把盒子向后方转动。

4

把右侧纸覆盖住盒子

把右侧纸覆盖住盒子。

5

把正后方的纸覆盖住盒子

与斜线式包装法步骤相同，把正后方的纸覆盖住盒子。

6

慢慢抚平褶皱，折叠整齐，调整外观。

7

整理好折边

完全覆盖住之后，与斜线式包装法步骤相同，在接缝线上用封口贴纸或双面胶带固定，完成包装。

Lesson 4

斜线式包装法的创意设计

斜线式包装法的创意设计，适合包装技法娴熟的中高级者。此处介绍了把纸进行手工拼花的包装方法。根据盒子和纸张的大小，花纹所呈现的样子也会相应地发生变化。斜线式包装法给人一种漂亮且技法高超的印象。同时也能够提高礼物的档次。

粘贴彩带式包装法

LEVEL ★★★★★

在主要的包装纸上粘贴一条被裁剪出来的细彩带，使包装的正面呈现出一条斜拉带子的包装方法。从左下延伸到右上的带子给人一种安定感。

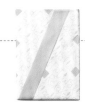

拼接式的布局

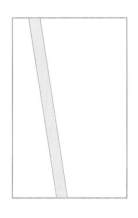

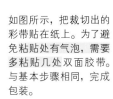

如图所示，把裁切出的彩带贴在纸上。为了避免粘贴处有气泡，需要多粘贴几处双面胶带。与基本步骤相同，完成包装。

温馨提示

要保证彩带位于正面的中间位置。要根据盒子和纸张的大小，同时以下面的例子为参考，在开始包装时要轻轻地包裹起来，检查彩带的位置。根据喜好决定对彩带是否进行装饰包装。

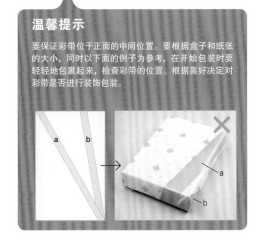

拼接彩纸式包装法

LEVEL ★★★★★

把两张包装纸粘贴在一起，在包装的正面呈现斜线的拼接式包装方法。斜线拼接接缝的位置也可以不在对角线上。

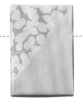

拼接式的布局

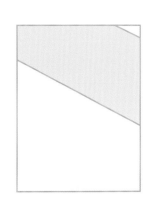

决定纸的布局之后进行拼接。为了避免空气进入粘贴处，需要多粘贴几处双面胶带。与基本步骤相同，完成包装。

温馨提示

如下图所示，拼接接缝的位置稍微偏离一点，就会导致完成时图中所出现的情况，所以拼接接缝的位置是斜线式包装的难点。在开始包装之前，用纸包裹住盒子，同时调整盒子的位置。

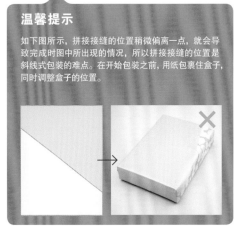

正方形包装法

把四个角折向中心，在中心交会的靓丽包装法。
这种方法不仅能够包装正方形盒子，
也可以包装长方形盒子或枕形盒子。因为此包装方法不
需要把物品颠倒或放倒，所以如果掌握了这一方法会
十分方便。使用丝带或封口贴纸进行装饰，即使不加
装饰也具有很强的存在感。

正面　　　　　　　　　　　　　　　背面

Data

LEVEL ★★★☆☆

被包装物	不管什么物品都可以用此方法包装。
用纸量	用纸量少。
纸的花纹	使用格纹、条纹纸包装，折痕会格外显眼，所以稍有难度。如果使用大花纹纸或者有上下之分的纸张时，也需要特别注意。（→ p.18 "花纹纸的使用要领"）
纸的选择	使用纸质较硬的纸张，折痕会显得更加整齐漂亮。所以要避免使用光滑或柔软的纸张。

♥ 成功的秘诀

为了使中间的对角线完全重合在一起，要整齐地裁切纸，紧紧地按住盒子，仔细看清对角线。把装饰折边向外侧折时，最好不要压实折痕，以便于调整。

所需纸张尺寸

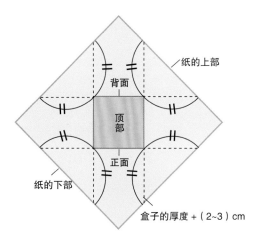

纸的上部
背面
顶部
正面
纸的下部
盒子的厚度 +（2~3）cm

正方形包装法的选纸方法

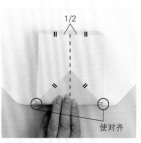

1

确定纵向长度

把纸倾斜放，把正前方的纸覆盖在盒子上。使等腰三角形的顶点位于盒子的中线上，且三角形的底边上两角与盒子的底边角重合。

使对齐

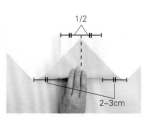

2

把三角形的顶点向上挪动，使三角形底边的纸左右分别超出盒子2~3cm。

2~3cm

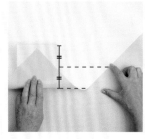

3

盒子上下长度的 1/2 处，平行着向右延长，找到延长线与纸的最右端的交点，折出折痕。

4

沿着折痕，对齐折纸，笔直地裁切。

5

确定横向长度

把纵向边长作为正方形的边长，进行裁切。

裁切

正方形

包装法

4

覆盖住之后，检查纸张是否超出盒子边缘。按照相同的方法，把右侧的纸也覆盖在盒子上。

> 不要使纸边超出边缘

做成相同的形状

1

确认选择好的纸张

把纸呈菱形放置，并把盒子置于纸的中央。分别把上、下角向下、向上翻折盖在盒子上，检查纸的左右两边裁剪得是否均等。

5

整理顶部

按住顶部的两角，使纸紧贴着盒子边缘，把正后方的纸覆盖住盒子。

> **温馨提示**
> 可以用食指按住盒子和纸的中间。

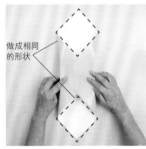

做成相同的形状

2

按照相同的方法，把左右两边也覆盖在盒子上，检查纸的上下两边裁剪得是否均等。

6

把正后方的纸覆盖住之后，慢慢挪动纸张，抚平褶皱。

3

整理底部和左右两侧

把正前方的纸覆盖在盒子上，用拇指按住盒子的左角，使纸紧贴着盒子边缘把左侧纸折上来。

> **温馨提示**
> 把纸立起来折向内侧，沿着盒子边缘慢慢挪动。

对角线

7

整理好折边

展开包装纸，把左下与对角线重合的折痕轻轻地向外折。注意：如果对角线发生偏离，完成效果会变得不理想。

8

沿着折痕向内折。这时，把内褶也一并折进去。

内褶

> **温馨提示**
> 把包装纸在里面的褶子称为内褶。

9

折好折边之后，剩下的三边也按照相同方法进行。

13

闭合顶部，根据喜好粘贴上封印贴纸，完成包装。

10

把所有的边向内折之后，三角形的顶点全部重合在盒子的中心点上，会显得更加整洁美丽。

温馨提示

使纸从顶部三角形的左端超出来是正确状态。稍后再进行处理。

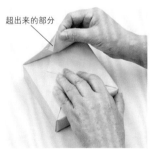

超出来的部分

11

完成

把超出的部分向内折，用双面胶带固定住。

推荐的装饰方法

横一字形蝴蝶结

避免使丝带遮住正方形的折纹，选择系法简单的横一字形蝴蝶结。最好不选择过宽的丝带。
系法、制作方法 » p.103

粘贴封口贴纸

当三角形的顶点没有完全重合在一起或留有空隙时，使用贴纸遮盖也是一个解决方法。选择四边形的贴纸，会显得高雅大气。

12

粘贴2条双面胶带。左边的长一点，右边的短一点。固定住超出来的部分。

衍纸

用衍纸作品作为装饰，可以直接粘贴在包装纸上，也可以做成可爱的创意设计。
系法、制作方法 » p.150

Lesson 6

重叠式包装法

因为不用胶带固定，所以此方法具有包装迅速、
容易打开等优点。
把物品放进盒子时，也可以采用此方法进行内包装。
包装的接缝靠左会呈现出一种安定感。

正面

背面

Data

LEVEL ★★☆☆☆

被包装物	任何物品都可以被包装。
用纸量	用纸量少。
纸的花纹	因为接缝处的花纹被切断了，所以要选择能够充分配合这个特点的花纹。
纸的选择	因为不用胶带固定，所以不能使用光滑的纸或者不易折出折痕的纸。

♥ 成功的秘诀

为了方便纸张在接缝处插入，最好把左边的纸的上下部折得比盒子稍微小一点。不需要多高的技巧，但必须遵守基本的原则才能较为顺利地折叠，例如包装时需要把盒子紧紧地按住，需要把包装纸的内侧紧紧地贴着盒子的边缘折叠等原则。

所需纸张尺寸

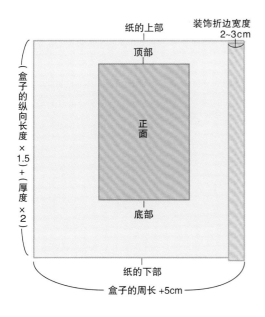

纸的上部
装饰折边宽度 2~3cm
顶部
正面
底部
纸的下部
（盒子的纵向长度 ×1.5）+（厚度 ×2）
盒子的周长 +5cm

折叠式包装法的选纸方法

确定横向长度
长度为盒子的周长 +5cm。

确定纵向长度
把正前方的纸张覆盖在中心线上。

把后方的纸张也覆盖住盒子，沿着盒子顶部厚度的折痕进行裁剪。

Q 可以把盒子横向包装，最后使接缝处朝左的口袋变成朝上的吗？

A 可以，这算是设计方案不同。如插图所示，开始包装时也可以改变盒子的放置位置。

顶部
正面
底部

顶部 正面 底部

把盒子横向放置　　　　使口袋朝上

重叠式
包装法

5

使折上来的纸紧贴着盒子边缘，折出折痕。

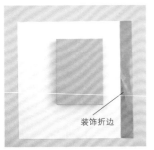

1

确定盒子的位置

在纸的右端折一个 2 ～ 3cm 的装饰折边。

装饰折边

2

把纸的右边覆盖在盒子上，确定口袋的位置。

温馨提示
接缝稍靠左边，会呈现出一种安定感。

6

与盒子的左下角对齐，把左侧纸覆盖在盒子上。

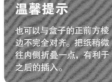 

温馨提示
也可以与盒子的正前方棱边不完全对齐。把纸稍微往内侧折叠一点，有利于之后的插入。

3

把纸的上部和下部覆盖在盒子上。调整盒子的位置，使下部比上部稍微宽一点。

下部的纸稍微宽一点

4

覆盖住盒子的底部和左侧

覆盖住底部，用手指按住左下角，使纸紧贴在盒子上。把左侧纸折上来。

7

把右侧纸覆盖在盒子上

按照相同的方法，把右侧也覆盖在盒子上。

可以露出来

温馨提示
右侧纸必须与盒子的正前方的棱边完全对齐。里面的纸张露出来也没什么问题。

8

使纸的上部覆盖住盒子

再次展开左右两边，先折叠上部的左侧。也可以用肘部按压盒子。

12

把左侧纸插进右侧，根据喜好贴上封口贴纸，完成包装。

9

把纸的左边覆盖住盒子。

温馨提示

上下两端和盒子的棱边不完全对齐，即都稍微向内折一点。

10

折叠右侧的上部。

露出来也没关系

11

把右侧的纸覆盖在盒子上。里面的纸露出来也没关系。

推荐的装饰方法

V 字形蝴蝶结

横着系一个 V 字形丝带。如果选择白色的丝带，会给人一种正式感。
系法、制作方法 » p.103, p107

折出褶子并塞入卡片

在口袋上折出褶子并塞入卡片。纵向褶子简单易学。
系法、制作方法 » p.43

使用丝带和装饰花系出 V 字形蝴蝶结

丝带和花是主要搭配。应该采用和包装纸同色系的细丝带。口袋上系着的一条线也变成了重要元素。
系法、制作方法 » p.103, p.107

Lesson 7

竹笋式包装法

左右重叠的折痕看起来像竹笋，
所以被称为"竹笋式包装法"。
看似是精细活儿，
实际上却简单易学。
适合用于喜事场合的物品包装。

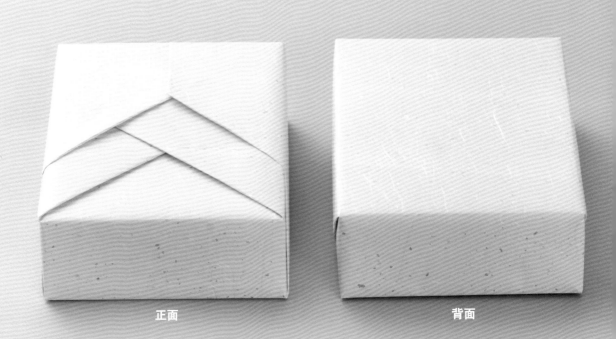

正面　　　　　　　　　　　　背面

Data

LEVEL ★★☆☆☆

被包装物	任何物品都可以被包装，但因为包装时要把盒子颠倒过来，所以不适用于没有顶部、底部之分的物品。
用纸量	用纸量多。
纸的花纹	因为在褶裥处，花纹是中断的。所以不适合使用大花纹纸。并且，因为花纹面朝多个方向，所以最好选择花纹有上下之分的纸张。
纸的选择	任何纸质都可以。如果选择稍微坚硬的纸，折痕会十分显眼。

♥ 成功的秘诀

如果竹叶的顶点都会集在盒子中央，会显得更好看。把纸覆盖于盒子上时，确保纸与盒子平行，这是成功的要领。之后按照基本步骤进行包装，不需要很高的技巧，便会自然地包装整齐。

所需纸张大小

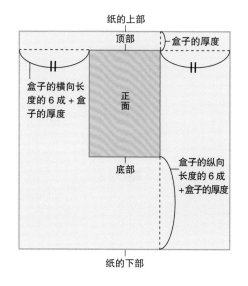

纸的上部

顶部 —— 盒子的厚度

盒子的横向长度的6成 + 盒子的厚度

正面

底部

盒子的纵向长度的6成 + 盒子的厚度

纸的下部

竹笋式包装法的选纸方法

1
确定横向长度

把纸张的左端覆盖在盒子横向长度的6成处。

2

纸张的右端也覆盖在盒子横向长度的6成处，用手指掐出折痕，并笔直地裁切。

> **温馨提示**
> 需要注意：其不是盒子的边缘线。

3
确定纵向长度

如图将离自己较近的一侧的纸张覆盖在盒子纵向长度的6成处。

4

把对面的纸覆盖在盒上，在盒子的顶部的厚度线上折出折痕，进行裁切。

竹笋式

包装法

1 确认包装纸的大小

把正前方的纸覆盖在盒子纵向长度的6成处。

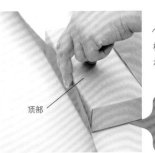

2

检查顶部与盒子的厚度是否完全重合。

温馨提示

也可以比盒子厚度稍微小一点，但绝对不能超出厚度。

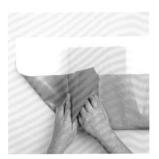

3 折竹笋褶

按住盒子的左下角，使纸紧贴盒子，把左侧的纸折上来。

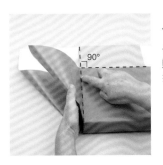

4

使折上来的纸的内侧紧贴着盒子的边缘，折出折痕。

5

使左侧纸覆盖住盒子，纸边与盒子上边平行。

温馨提示

理论上要与正前方的纸完全对齐，但是如图所示，如果稍微超出一点也是可以的。如果与盒子不太平行，也不会影响完成效果。

6

右侧纸也按照相同的方法折上来。使右侧纸边与盒子上边平行。

7

把纸左右交替向上折叠。

8 整理好折边

把右侧最上面的纸，沿着竹笋顶点的延长线，向外翻折。

9

展开装饰折边，在左右两侧纸下半部处贴上双面胶带。

10

左右依次覆盖闭合。竹笋的顶点与接缝线重合在一起时，会显得更加美丽。

11

把盒子反面朝上放置，按照先折盒子顶部的背面、再折侧面、最后折正面的顺序闭合顶部。完成包装。

推荐的装饰方法

礼签式装饰物

用千代纸制作出礼签式装饰物。这是一种集和纸、礼签、竹笋褶三种元素为一体的包装方法。

系法、制作方法 » p.67

系梅花结的和服式装饰物

包装时，把盒子的上下颠倒放置，竹笋折痕看似和服的领边。在腰带和领边用红色的和纸装饰，并使用水引线系梅花结。

系法、制作方法 » p.175

礼签式装饰物的制法

LEVEL ★☆☆☆☆

材料

- 水引线 3 根红色、1 根白色
- 千代纸 2 种

1

把 2 张千代纸用双面胶带粘贴在一起，使其成为 1 张双面纸。

2

把纸左侧斜着向中间折，再稍微向外折回一点。

重叠　　使角度一致

3

使相对两边重叠在一起，保持角度一致。

4

把重叠的纸向右压折，再稍微把边错开，向左翻折过去。

背面

5

用白色的水引线缠绕一圈，在礼签的背面用双面胶带固定住。再把 3 根红色的水引线插在中心处，完成制作。

Lesson 8

捆扎式包装法

任何形状的盒子，都能够用这种方法包装，
包装后呈现出轻柔飘逸的雅致感。
因为包装过程中不需要移动被包装的物品，所以很适合包装较大且较重的物品。
立起来的部分既可以保持包装纸的原样，
也可将包装纸修剪成弧形或锯齿形，别有一番风味。

Data		
	LEVEL ★☆☆☆☆	
被包装物	任何物品都可以被包装。	
用纸量	用纸量多。	
纸的花纹	任何花纹都可以。	
纸的选择	推荐使用柔软的纸张。例如无纺布、皱纹纸、蜡纸、透明纸、薄页纸（因为易破所以要多张重叠使用）等。	

♥ 成功的秘诀

重点是对侧面的处理。抓住大部分箱子侧面的纸，将其立起来。如正方体等有厚度的盒子，处理侧面时会更有难度，所以要尽量避免使用此方法。

所需纸张尺寸

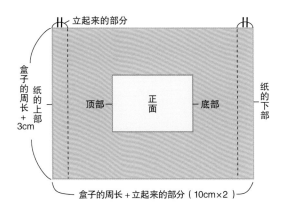

立起来的部分

盒子的周长+3cm ｜ 纸的上部

顶部 — 正面 — 底部

纸的下部

盒子的周长+立起来的部分（10cm×2）

捆扎式包装法的选纸方法

立起来的部分

1
确定横向长度
把左侧纸覆盖在盒子上，在盒子中央，竖起10cm长的部分。

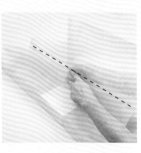

2
右侧纸也按照相同方法竖起10cm，把多余的部分裁切掉。

3
确定纵向长度
把正前方的纸覆盖在盒子上，与顶部边缘对齐。

4
用手抓住正后方的纸往上折，在盒子周长+3cm处，沿着折痕把多余的部分裁切掉。

温馨提示 计划把立起来的部分修剪成弧形时，要把纸平均分成8份，把左右两端剪成弧形。

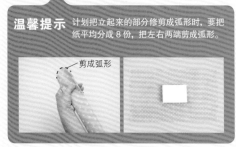

剪成弧形

捆扎式
包装法

5

用右手抓住盒子的大部分根部。

温馨提示
紧紧抓住纸张大部分，会使侧面变得更加整齐。

使正前方的纸稍微立得高一点

1

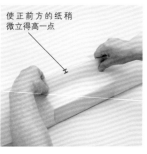

把纸张的上下侧覆盖在盒子上

竖起纸的上下侧，在盒子的中央重合。使正前方的纸稍微高出一点，会使完成效果更好。

6

一边使纸紧贴着盒子边缘，一边把左侧纸往上拉。左侧内部最好呈三角形折叠。

温馨提示 不能让纸远远超出盒子边缘，也不能让包在里面的纸起皱。

2

把重合的部分向外折叠(山折)。

3

向外折叠的部分紧贴着盒子并压平。

7

把左侧纸覆盖在盒子上。纸稍稍超出盒子的棱边也没问题。

4

把纸张的左右两侧都覆盖在盒子上

用右手按住盒子，左手捏住接缝处。

8

用相同的方法，把右侧纸也覆盖住盒子。在盒子中央把立起来的部分重合在一起。

9

闭合开口

把覆盖上来的左侧纸的边缘都向中心折叠，右侧纸也按照相同方法折叠。

10

在口上系上丝带，再系成蝴蝶结。

11

处理丝带的末端，再整理一下褶子部分，使其美观。完成包装。

推荐的装饰方法

使用丝带系蝴蝶结

充分发挥无纺布柔软的质感，再使用同色系的丝带打结。使立起来的部分会显得华丽动人。
系法、制作方法 »p.103

拉菲草绳搭配装饰物

把立起来的部分剪成弧形，用四层拉菲草绳系成蝴蝶结，并搭配装饰物。特意混搭不同的质感，也别有一番风味。
系法、制作方法 »p.69, p.103, p.139

举一反三

圆柱式
包装法

LEVEL ★★☆☆☆

有高度的盒子，适合采用一圈圈缠绕侧面的创意包装法。比基本的捆扎式包装法更简单。

1

选纸

盒子立在纸上，将纸包裹着盒子边缘，在盒子周长10cm处裁掉多余部分。把这边作为边长，裁剪成正方形纸。

2

把盒子整体包裹起来

把纸呈菱形放置并立起菱形四角，在盒子的上端合在一起。

3

整理褶子，用手心和手腕将纸缠绕在盒子周围，顺时针方向整理好。

4

系住口。用丝带系蝴蝶结后，处理丝带末端，最后整理褶子，完成包装。

71

Lesson 9

圆柱式包装法

即包装圆柱体或者长方体的包装方法。
在顶部和底部折出漂亮整齐的褶子会稍有难度，
但这种包装法的优点是看起来
像是在店里进行的正规包装。
把装有点心或者茶叶等的圆柱形盒子
作为礼物还是比较常见的，
所以一定要掌握此包装法。

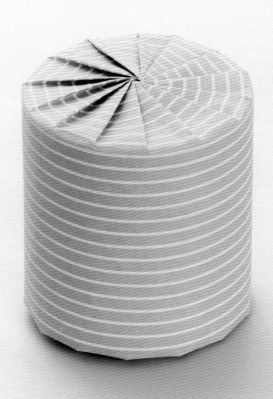

LEVEL ★ ★ ★ ☆ ☆

被包装物	圆柱形、长方形。
用纸量	用纸量少。
纸的花纹	格纹、条纹纸的接缝十分明显，所以适合中高级娴熟者选用。如能对整齐接缝，会显得包装水平高。对于初学者来说，最好选用单色纸或全花纹纸。
纸的选择	不要使用很难折出折痕的柔软的纸或带有褶皱的纸。

♥ 成功的秘诀

关键是制作褶子的步骤。第一个褶子从纸张的接缝处开始折叠，并且每个褶子都以顶部圆形的中心为顶点。需要不断调整褶子，使其间隔宽度相同。

所需纸张尺寸

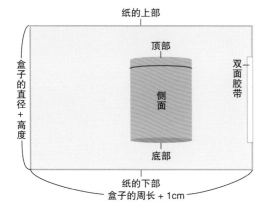

纸的上部

顶部

双面胶带

侧面

盒子的直径 + 高度

底部

纸的下部

盒子的周长 + 1cm

圆柱式包装法的选纸方法

1 确定横向长度

把纸覆盖住盒子，在比周长多 1cm 的地方，裁剪掉多余部分。

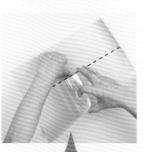

2 确定纵向长度

用纸盖住盒子底部，在盒子的高度相等的地方做出折痕。

温馨提示

把正前方的纸与盒子底部对齐。

3

沿着折痕，将纸对折，用剪刀裁剪掉多余的部分。

圆柱式
包装法

1

将纸的左右两侧覆盖在盒子上

在纸右端的中央贴上1条与盒子等高的双面胶带。

双面胶带

温馨提示

最好剪取与盒子等高的双面胶带

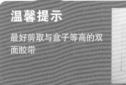

2

将纸的右端与盒子的侧面中线对齐。

温馨提示

这时纸张与盒子的连接线位于盒子侧面的中央。

纸边与盒子对齐

3

把左侧纸也覆盖在盒子上,把右侧纸抽出来覆盖在左侧纸之上。

4

调整盒子,使盒子位于距纸张上下边的正中间。

5

闭合底部

轻轻地折顶部,先闭合底部。把右端纸开始叠向底部圆形的中心。

温馨提示

如图所示,最好轻轻地折叠顶部。

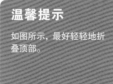

中心点

接缝处

6

折叠第一个褶子。从纸的接缝处向圆的中心折叠。如果不折叠整齐,最后效果会不如人意。

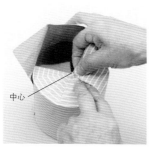

7

按照相同的方法，逆时针方向朝着中心折出褶子。设计褶子的数量时，就好像钟表的表盘一样，以 12 个为基准。

中心

8

把最后的褶子插入第一个褶子里。如果最后的褶子过大，可以再多折出一个。

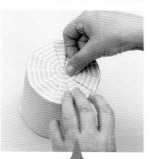

9

插入之后，褶子的顶点如能都重合在圆的中心处，会显得更加美观。

温馨提示

用右手拇指轻轻地捏起第一个褶子，用左手食指把最后一个褶子插入第一个褶子内。

10

闭合顶部

闭合顶部时，从纸的左端开始顺时针方向依次折叠。

11

折叠顶部的方法与折叠底部的方法相同。最后的褶子需要插入第一个褶子内。

Q 不能把顶部和底部折叠整齐，怎么办？

A 把褶子折叠整齐的秘诀是，从纸的接缝处折叠第一个褶子，并且把褶子向圆的中心折叠。如果做不好这两个步骤，就会如图所示，折叠的十分杂乱。

    ✕      ✕

如果第一个褶子偏离了纸的接缝，最后的褶子也会发生偏离。

如果不把褶子向圆的中心折叠，褶子就会依次偏离。

推荐的装饰方法

一字形丝带上系三层蝴蝶结

为了不遮挡顶部的折痕，在盒子侧面系一根丝带并在上面系三层蝴蝶结。如果用宽丝带打结，会呈现蓬松的可爱感觉。

系法、制作方法 » p.103、p.110

使用封口贴纸固定住丝带

把丝带在盒子上缠绕一周，在顶部用封口贴纸固定住。如果把丝带的末端倾斜地显露出来，会呈现别样的动感。

褶子式
包装法

LEVEL ★★★☆☆

在外侧折出褶子的包装方法，完成效果富有动感。褶子稍微错开中心点进行折叠。

1

闭合顶部和底部

按照圆柱式包装法的步骤进行裁纸（→p.73），纸的左右两边覆盖在盒子上。闭合底部时，把重合接缝处的左右两端向中心折叠。

将接缝处的部分折叠

此处为中心

2

不以褶子的顶端为中心，而以褶子与褶子的焦点为中心，逆时针进行折叠。

温馨提示

如果偏离中心，折痕会变得杂乱。

当折叠第二个褶子时，打开接缝

3

折第二个褶子时，展开纸最左端的接缝，继续依次折叠，直到闭合底部。顶部也按照相同方法闭合，完成包装。

温馨提示

也可以底部使用圆柱式包装法闭合，而仅仅顶部使用褶皱式包装法折叠。

八面褶子式
包装法

LEVEL ★★☆☆☆

折出 8 个侧面，只需按照折痕折出褶子，更加简单易学。

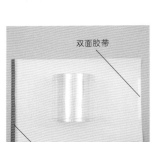

双面胶带

向内折边 1cm

1

把纸平均折成8等份

按照基本步骤裁纸（→p.73），把左端向内折边1cm，作为折边。在右端贴上双面胶带。

2

把平均折成 8 等份的纸展开。

3

将纸的左右两端覆盖在盒子上

把左边折边部分展开，把右端纸紧紧贴合在折痕处。

4

闭合顶部和底部

沿着8等份的折痕，按照"褶子式包装法"的步骤折出褶子，闭合底部。用相同的方法闭合顶部，完成包装。

六棱体式
包装法

LEVEL ★★☆☆☆

把纸紧贴着六棱体的棱边，能够自然地折出褶子，比圆柱式包装法更简单易学。

1

选纸

按照圆柱式包装法的步骤选纸（→ p.73），把盒子置于纸中央。

2

把纸的左右两边覆盖在盒子上

剪出一段与盒子厚度等长的双面胶带，贴在纸的最右端的中央。

3

把纸覆盖在盒子左端，与基本步骤相同，把纸的左右两边紧紧地贴合在盒子上。

4

调整盒子的位置

为了使盒子置于纸的中央，把手伸进去进行调整。

温馨提示

握住纸张的接缝处，纸张就不容易错开了。

5

闭合顶部和底部

抓住纸的大部分，确保纸的两端能在盒子中心处重叠。

在中心重叠

6

纸的接缝线

把盒子立起来，逆时针方向闭合。首先折叠纸的接缝。

7

在此处重叠

紧贴着步骤 *6* 折纸的一端，把纸向中心折叠出第一个褶子。

8

紧贴着盒子的边缘继续折叠。折第二个褶子时，要把最初折的纸抽出来。

9

与基本步骤相同，把最后一个褶子插入第一个褶子里，闭合底部，也按照相同的方法闭合顶部，完成包装。

Lesson **10**

贝壳式包装法

汇集在底部的包装看着像贝壳，
因此此方法被称为"贝壳式包装法"。
因为瓶口露在包装的外面，
所以即使作为聚会的礼物，
带着包装纸倒酒也十分方便。
此方法不仅可以用来包装瓶子，
也可以用来包装其他圆柱体。

Data

LEVEL ★ ★ ☆ ☆ ☆

被包装物	瓶子、圆柱体等物品。
用纸量	用纸量多。
纸的花纹	任何花纹都可以，但如果花纹有上下朝向之分，需要注意包装开始时纸的位置。
纸的选择	可以使用柔软的包装纸，也可以使用一般的包装纸。

♥ 成功的秘诀

与倾斜式包装相同，可以随意摆放包装纸，但最重要的是物品的放置位置。这里建议平放物品，使其与纸的对角线呈直角。可能在底部折出褶子时稍微有难度，但在看不见的位置多少有些错开是没问题的。

所需纸张尺寸

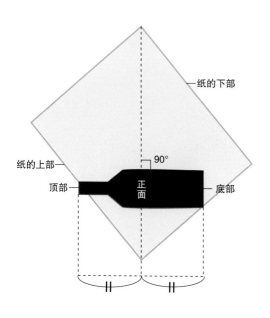

贝壳式包装法的用纸方法

1
确定纸张大小
如图把纸倾斜放置，把瓶口朝左平放在纸上。

2
如图将纸都覆盖在瓶子上，检查纸张的大小是否能够包裹住物品。

3
如图提起纸的右侧，检查纸张的大小是否能够遮挡住底部。

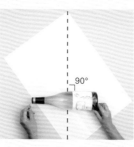

4
检查之后，使瓶子与纸张的对角线呈直角，确定瓶子的位置。

贝壳式
包装法

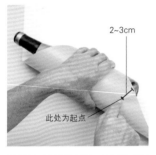

1

在底部折出褶子

把正前方的纸覆盖在瓶子上，在底部决定褶子的起点位置。在纸和瓶底的边缘的重叠处向外 2~3cm 处，折出折痕。

2~3cm

此处为起点

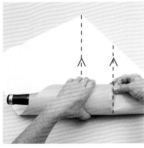

2

从起点朝向瓶底与纸的重叠处，折第一个褶子，这时，使第一个褶子和对角线平行。

3

把第二个褶子向第一个褶子的 1/2 处折叠。

温馨提示

在第一个褶子的 1/2 处重叠。

在此处重叠

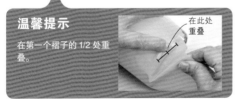

4

卷瓶子

用相同的方法折出褶子，折半圆之后，如图把右侧纸覆盖在瓶子上。

5

一边把剩余的纸向内折，一边转动瓶子。

6

用右手拉紧纸，同时转动瓶子。

7

使用双面胶带或贴纸固定住最后的卷边。

8

把瓶子立起来。从正面看，如果能稍微看到瓶口，就是最佳状态。

使瓶口稍微露出

9

封口

把两侧的纸系在瓶口。
用丝带系蝴蝶结，处理
丝带末端，完成包装。

温馨提示

封口时，把两侧的纸稍
微向内折，然后把后面
的纸向前翻折。

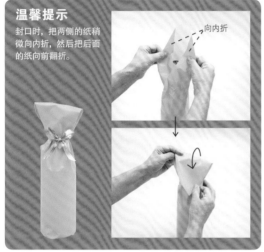

向内折

推荐的装饰方法

**使用丝带与拉菲草绳系
蝴蝶结**

把与包装纸同色系的丝带，和数条颜
色、质感不同的拉菲草绳组合在一起
系蝴蝶结。
系法、制作方法 »p.103

蛇腹折装饰折边式包装法

把纸的边端折出蛇腹折会显得更加华
丽。可以与任何颜色搭配，但最相配
的要数金色丝带。此方法适用于聚会
场合。
系法、制作方法 »p.81, p.103

创意
设计

蛇腹折式
包装法

LEVEL ★★☆☆☆

贝壳式包装的过程中，把剩下的纸折出蛇腹
折作为装饰，会显得更加华丽。

双面胶带

1

折蛇腹折

按照与贝壳式包装法相
同的步骤，把瓶子的底
部折出一半面积的褶
子。在包裹内部能够遮
挡褶子的地方贴上双面
胶带。

2

使用双面胶带黏合在一
起，笔直地折出折痕。

3

反复交替进行外折叠和
内折叠。也可以根据喜
好，稍微错开折叠。在
蛇腹折的根部用丝带系
上蝴蝶结，完成包装。

枕形盒包装法

从外形上看像枕头，所以被称为"枕形盒包装法"。
包装方法与"正方形包装法""斜线式包装法"
"接合式包装法"等基本相同。
适合用于包装柔软或易碎的物品。

正方形包装法　正面

接合式包装法　背面

斜线式包装法　背面

Data	
被包装物	可以包装任何物品,但接合式包装法和斜线式包装法需要转动盒子,所以请稍加注意。
用纸量	与基本要求相同。
纸的花纹	与基本要求相同。
纸的选择	因为纸要紧紧贴合在盒子弯曲的部分,所以不宜选择光滑的纸、有褶皱的纸或很难折出折痕的纸。

♥ 成功的秘诀

与"正方形包装法""斜线式包装法""接合式包装法"基本相同。在将纸贴合在盒子弯曲部分的同时,为了能够紧贴弯曲部,要像转动摇篮一样转动盒子。

所需纸张尺寸

枕形盒的接合式包装法

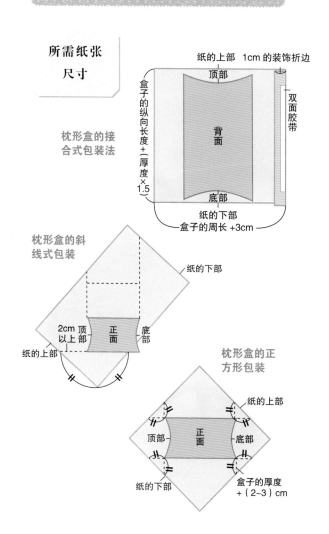

枕形盒的斜线式包装

枕形盒的正方形包装

枕形盒的接合式包装法

LEVEL ★★☆☆☆

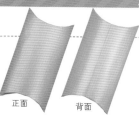

正面　　　背面

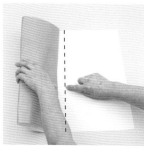

1
选取所需要尺寸的纸
沿着弯曲处使盒子稍微立起来,正确地进行裁纸。长度和接合式包装法的基本要求相同(→ p.39)。

2
折边
把纸的右边折入1cm的折边,剪1条与盒子最短部分的纵向长度等长的双面胶带,贴在折边上。

3
把纸的左右两边覆盖在盒子上
和基本方法相同,先把右边纸先粘贴在盒子中间,再把左边的纸与右边的纸粘贴在一起。

4
闭合顶部和底部
按住顶部和底部,固定之后,先闭合底部。

5

把盒子像摇篮一样摇动，
同时从中央向两边慢慢推
进折出折痕。

温馨提示

如图所示，在两端折出三
角形，会使完成效果更佳。

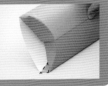

6

把正面的纸往上折时，
也是从中央向左右两边
慢慢推进折出折痕。

7

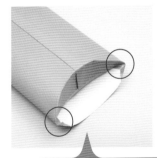

把正面折上来的纸超出
部分，向内折进去。

温馨提示

把纸沿着盒子弯曲部分折
出折痕后，沿着折痕往内
折。

8

在盒子厚度的 1/2 处翻
折出折痕。

9

沿着折痕把纸向内折，
左右两边也一起向内折。
总之，也是从中间向两
边折。

10

把双面胶做成 U 字形，
先贴在中央，再慢慢贴
到左右两边。

11

闭合底部。按照步骤
5 ～ 11 闭合顶部。完
成包装。

枕形盒的斜线式
包装法

LEVEL ★★★★★

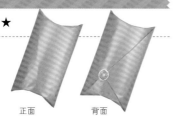

正面　　　背面

1 选取所需尺寸的纸

与斜线式包装法的步骤相同,选纸(→p.49)。使纸紧贴着盒子的弯曲边缘,需要把盒子稍微立起来,才能够确定纸张的大小。

紧贴盒子

2 将正前方的纸和左侧的纸覆盖在盒子上

与基本方法相同,把正前方的纸覆盖在盒子上。使盒子稍微立起来,按住紧贴在盒子左下角的纸,使左侧的纸覆盖在盒子上。

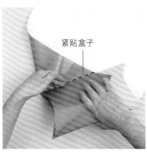

紧贴盒子

3 把盒子平放

将纸紧贴在盒子边缘。把盒子立起来时,需要用手紧紧抓住盒子,用摇摇篮的方式,摇动盒子以便使纸与弯曲部位贴合。

纸可以超出盒子边缘

4

把盒子平放时,底部的纸超出盒子边缘也是正确的包装方法。之后再进行处理。

5 把右侧和正后方的纸覆盖在盒子上

按照相同的步骤,把右侧纸覆盖在盒子上。

6

按照相同的步骤,把正后方的纸紧贴在盒子的边缘,覆盖住盒子。

7 整理好折边

与斜线式包装步骤相同,整理好折边。

8

同样折出与以右下角为起点的对角线相垂直的折边。

9 完成包装

侧边多出来的部分,可沿着弯曲部分折叠。无须用胶带固定。根据喜好,可以在折边的地方贴上贴纸,完成包装。

枕形盒的长方形
包装法

LEVEL ★★★★☆

正面　　　　背面

1

选取所需尺寸的纸

与正方形包装法的步骤相同,进行选纸(→p.57)。为了使纸和盒子的弯曲处完全贴合,要稍微抬高盒子。

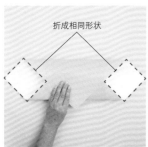

折成相同形状

2

确定纸张大小

为了不使盒子摇动,用手握住检查裁剪的纸张大小。

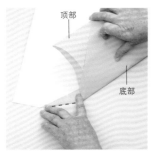

顶部

底部

3

顶部、底部和左右两侧的处理

如图将底部纸覆盖在盒子上使盒子立起来,按住左下角的纸,使纸紧贴着盒子,折出折痕。

深深地按压出折痕

4

使左侧的纸覆盖盒子,用手指在左下角深深地按压出折痕。

5

与基本方法相同,折出对角线,将边缘折整齐。右侧也按照相同的方法闭合。

温馨提示

沿着步骤3折出的折痕,笔直地折叠。

把边缘折叠整齐

6

如图所示,为了使接缝整齐统一,把里面的角向内折。根据喜好贴上贴纸,完成包装。

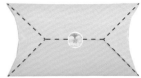

推荐的装饰方法

用毛线缠绕后加上装饰花

搭配有趣的枕形盒的装饰物也必须俏皮可爱。用几种毛线一圈圈地缠绕在盒子上,把剪切成花瓣形状的毛毡重叠在一起做装饰花。

Part

03

包袱皮包装法的基础教程与创意设计

包袱皮因其可以循环使用的环保功能，以及设计丰富、种类齐全等特点，最近作为包装用品，人气大增。本章介绍了平包法、常用包法、双结包法等基本的包装方法，以及使用长布巾和手帕的创意包装方法，还有包裹瓶子的方法。

Lesson 1
最基本的包袱皮包装法

最具格调的包装方法要数平包法。

在定亲或赠送答谢贺礼时，

必须使用平包法。

包袱皮的花纹要根据季节以及对方的喜好做选择。

不同的场合，也可以使用真丝织品包装。

平包法

常用包法

双结包法

死结（平结）

LEVEL ★☆☆☆☆

经常用于包装最后的紧紧固定的打结方法。简单地说，就是打两次结，如果系的不正确，会变成竖结，或者解不开结扣。

1
把❶覆盖在❷上面。

2
把❶自后向前从圈里钻出来。

3
把❷放倒至右边、把❶从上面覆盖住再打结。

4
手握结的根部，用力拉紧结扣。

5
整理褶皱。

单结

LEVEL ★☆☆☆☆

多用于闭合口部或者固定住角的打结方法。不需要技巧，重点是需要拉紧。

1
用包袱皮的边角做成一个圈。

2
把尖角从圈里钻出来。

3
把尖角往上拉，用力拉紧结扣。

Q 如购买容易操作的包袱皮，尺寸是多少？

A 如果包装盒饭，推荐使用边长45cm或边长50cm的包袱皮。如果是包装酒瓶、旅行衣物，或者使用包袱皮制作便当包时，最好使用边长68cm或边长75cm的包袱皮。标准是被包装的物品尺寸应是包袱皮的对角线的1/3大小。另外，种类丰富的是边长65cm的包袱皮。

平包法

解开了结，寓意"解开了缘"。所以不打结的平包法被认为是最富敬意且高贵雅致的包装方法。

1

为了使包袱皮商标朝左，把包袱皮放置呈菱形。把物品的顶部朝左放置在包袱皮中央。如箭头所示把包袱皮覆盖在物品上。

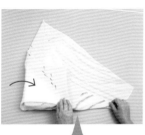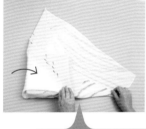

2

再把左侧覆盖上。

温馨提示

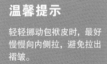

轻轻挪动包袱皮时，最好慢慢向内侧拉，避免拉出褶皱。

向内侧拉

3

把右侧也覆盖上。如果感觉包袱皮过大，覆盖物品时可以把包袱皮的角向内折进去。

4

如图抓住包袱皮的左右两端，并松松地提起最后一个角，然后覆盖在盒子上，完成包装。可以直接把包袱皮垂在前面，如果包袱皮过大，也可以向反面折回。

常用包法

即最普通的包袱皮包装法。在包装饭盒等不含特殊意义的物品时，许多人使用此包装法。包装的重点是正确的系死结方法。

1

为了使包袱皮商标朝左，把包袱皮放置呈菱形。把物品的顶部朝左放置在包袱皮中央。把正前方的包袱皮覆盖在物品上，把角折进物品的下方。

2

把正后方的包袱皮也覆盖在盒子上，把角折向背面。

3

把左侧也覆盖住盒子。紧紧抓住盒子侧面的大部分，不要抓住包袱皮的角，而要最好抓住并提起接缝处。

4

右侧也按照相同的方法进行处理。在上面系死结（→ p.89）。

5

整理左右两边的褶皱，完成包装。

双结包法

LEVEL ★★☆☆☆

因为结扣系在两个位置，所以可以包裹较长的物品。包裹较长的物品时结扣虽然相距较远，但是两个结扣必须平行排列。

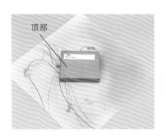

顶部

1

为了使包袱皮商标朝左，把包袱皮呈菱形放置。把物品的顶部朝左放置在包袱皮中央。

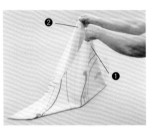

2

左手抓起角❶，右手抓起角❷。

3

如图一边把❶从左向右转，把❷从右向左转，一边覆盖盒子。

4

分别转到左、右的两端，覆盖住盒子。

5

手抓住❷和包袱皮左边的角。

6

紧紧地系死结（→p.89）。

7

手抓住❶和包袱皮右边的角，系死结。

8

如图所示，在不同处系两个死结。如果物品稍小时，两个结扣就会相邻。如果物品稍长，结扣就相距稍远。

9

整理褶皱，完成包装。

温馨提示

如果介意褶皱过大，可以把角稍微折进结扣里。

Q 把盒子放置在包袱皮上时，必须把物品的顶部朝左放置吗？

A 基本如此。特别是带有礼签的盒子，必须把物品的顶部朝左放置。但是也有例外，正方形的盒子要把顶部朝上放置，圆柱形的盒子要把正面朝向正前方竖立放置。如果有褶子时，不在乎顶部和底部，而是把褶子朝上放置（寓意"不使幸福掉落"）。

Lesson 2

包袱皮包装法的创意设计

虽然包袱皮的基本包装法的步骤是固定的，
但我们可以自由地设计出富有创意的包装方法。
特别是使用长布巾或者手帕包装时，就没有固定的步骤。
折进之后再调整大小，
或者轻轻扭转制作成装饰——尽情地享受包装的乐趣吧。

花结包装法

手帕包装法

长布巾包装法

花结包装法

LEVEL ★★☆☆☆

在根部打一个结，把三个褶子当作花瓣。用双面的包袱皮包装，特意显露出里面的花纹，会显得更加华美。

1

为了使包袱皮商标朝左，把包袱皮呈菱形放置。把物品的顶部朝左放置在包袱中央。

2

如图用手抓起三个角。

3

用左手把抓起的三个角使劲地向下拧。

4

把剩下的右角从正前方按照顺时针方向沿四周缠绕一周。

5

最后绕回到正前方，把绕回来的角从圈里穿过去。

6

把角从圈里拉出来，同时按住结扣，紧紧地系上单结（→p.89）。

7

把褶子往上拉紧，也要把松弛的侧面拉紧。

温馨提示

如果过于松弛，最好拉紧褶皱的根部。

8

再一次拉紧根部的结扣。

9

为了不露出包袱皮的内侧，要把褶子的角向左、右的内侧折进去。

10

保证包袱皮将正面呈现，把角塞进结扣里，看似像漂亮的花朵。剩下的角也按照相同方法折进去，完成包装。

小知识

如果做得不像花朵，只是单纯地把角塞进结扣里，也是完全可行的。只要让褶子稍微立起来，韵味就随之而出。

包袱皮包装法的基础教程与创意设计

长布巾包装法

LEVEL ★☆☆☆☆

用长布巾包装时，最好充分发挥布巾长度的特点进行装饰。再用长布巾的短边在根部系上死结，而不要系单结。

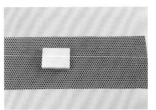

1
把长布巾横向放置，把物品的顶部朝左放置，稍稍朝左倾斜一点。

2
把左侧覆盖在盒子上，决定结扣的位置，调整盒子位置。

3
为了使物品左右两边长布巾的长度相等，把长布巾的右侧折叠出两层褶子。

温馨提示
如果物品过大，自行决定褶子的数量。稍微错开一点，完成效果会显得更加立体。

4
把正前方和正后方的长布巾覆盖在盒子上。

5
把左侧长布巾覆盖在盒子上。用右手按住盒子的侧面，最好用左手抓住长布巾的接缝处往上拉。

6
也把右侧长布巾按照同样的方法提起来。

7
慢慢抚平褶子，同时把左右两边集中于盒子的上方。

8
如箭头所示，把长布巾左侧的两角分别从正前方和正后方缠绕。

9
缠绕到右侧，在根部系死结(p.89)。

10
紧拉结扣，整理外观，完成包装。

手帕包装法

LEVEL ★☆☆☆☆

最近流行的手帕包装也有许多种类。因为手帕比包袱皮和长布巾在日常生活中更常使用，所以用手帕包装礼物，更会使对方欣喜。

1

把手帕呈菱形放置。如果包装圆柱形盒子时，要把正面朝向前方放置；如果包装长方形盒子时，把顶部朝左侧放置在中央。

2

把正前方的手帕覆盖在盒子上，如果手帕过大，把它往里折。

温馨提示

把正前方的手帕多出的部分，折进物品的底部。

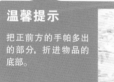

3

把正后方的手帕覆盖在盒子上。

4

如果手帕仍然过大，把手帕边缘往内折两至三次，直到手帕与物品边缘对齐。

5

把左右两端提起并重合在一起。如果侧面有松弛的部分，需要适度调整。

6

把左右两端合在一起系单结（→p.89）。

温馨提示

如图所示拧紧手帕再打结会比较容易。

7

将单结拉紧。

8

把褶子剩余的部分再次拧紧。

9

拧紧末端插入结扣里。按照同样的方法处理另一端。

10

调整外观，完成包装。

Lesson 3

包袱皮包装瓶子的方法

赠送较重的瓶装物品时，经常会担心会不会碰着瓶子，或者在携带过程中包装袋会不会破了。如果使用包袱皮或者长布巾包装，外观既可爱，又可以直接携带，用于包装的包袱皮或长布巾还可以循环使用。

2 个瓶子的包袱皮包装法　　**1 个瓶子的长布巾包装法**　　**1 个瓶子的包袱皮包装法**

1个瓶子的包袱皮包装法

LEVEL ★★☆☆☆

此方法是在赠送贺礼时常用的基本包装方法。包装红酒瓶或者容量为1升的瓶子时，需要选择边长为68cm或边长为75cm的包袱皮。

6
用手指按住瓶子顶部，把❶、❷往上拉，使侧面没有松散。

1
为了使包袱皮商标朝左，把包袱皮呈菱形放置。把瓶子放在中央。

7
把❶、❷绕回到正前方，在瓶颈部位紧紧地系结。

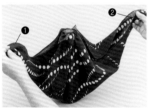

2
如图提起包袱的上、下两边的角，在瓶子的上方打结，因为是暂时打结，所以什么结都可以。

8
直接系死结（→p.89）。

3
提起左右两边的角（❶、❷）。

9
把步骤❷的暂时结解开。

4
先把❷向瓶子的后方缠绕。再把❶覆盖在❷上，也向瓶子的后方缠绕。

10
把解开结的角往上拉并整理。这时，最好用手指按住瓶子的顶部。

5
❶和❷在瓶子的后面呈交叉状。

11
制作提手。把两边的角分别拧到根部，在瓶子上部系死结，完成包装。

温馨提示
把提手的左右末端折进内侧，从前面往后面拧，就会看不到包袱皮内侧，包装效果会更好。

→把末端往内侧折

1个瓶子的长布巾包装法

LEVEL ★★☆☆☆

长布巾包装法是包装小瓶子的方法之一。与包袱皮相比，有一种自然的轻松感。更适合包装盒饭、塑料瓶等物品。

1

把长布巾横向放置，把瓶子稍微向右倾斜放倒。

2

紧贴瓶子的底部边缘，把长布巾的右侧斜着覆盖在瓶子上。

3

把正前方的长布巾覆盖在瓶子上。

温馨提示

如果用手指按住，使长布巾紧贴瓶子，这样正前方的长布巾就会自然地覆盖在瓶子上。

4

按住瓶子使长布巾紧贴着瓶子，向前卷去。

5

为了保证在瓶子底部的长布巾不发生偏离，把瓶子笔直地卷到最后。

温馨提示

卷的过程中如果出现松弛，需要抚平褶皱。

6

卷完之后，用手握住瓶颈部位。

7

沿着瓶子的形状拧长布巾。

8

换成左手拿瓶，用右手往上拧长布巾。

9

拧紧之后，在瓶颈部缠绕一周。

10

把长布巾的末端从上面插入缠绕的部分里，拉紧，完成包装。

2 个瓶子的包袱皮包装法

LEVEL ★★☆☆☆

即把两个小瓶子合起来包装的方法。要选择边长为 68cm 或边长为 75cm 的包袱皮。如果选择边长为 105cm 的包袱皮，可以包装两个红酒瓶子。

1
为了使包袱皮商标朝左，需要把包袱皮呈菱形放置。将瓶子的底部相对平放在中央，中间稍微留些空隙。

2
将正前方的包袱皮覆盖在瓶子上。

3
如图所示将瓶子向前方卷。

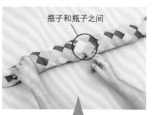

瓶子和瓶子之间

4
要使卷到最后的角位于两瓶之间留有的空隙处。

温馨提示
当瓶子的位置偏离时，要抓住包袱皮的边缘，进行调整。

5
手持左右两端，使瓶子立起来。

温馨提示
为了使两个瓶子紧挨着立起来，使底部和底部相对，紧拉包袱皮进行调整。

6
把包袱皮的左右两端再拉向瓶子的上端，拉紧松弛的部分。

7
直接把左右两端系死结（→ p.89）。

8
拉紧结扣。

9
整理褶皱，完成包装。

使用包袱皮制作手提袋

用于必要时，快速地制作临时使用的手提袋。如果制作午餐袋的话，选择边长为 68cm 或边长为 75cm 的包袱皮。如果制作挎包，最好使用边长为 128cm 以上的包袱皮。

手提袋的制作方法

1

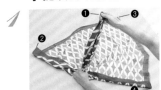

把包袱皮呈菱形放置，把角❶拧着提起来，制作提手。

2

手握住角❷，把拧过的角❶从前面按照顺时针方向缠绕角❷一周。

3

直接从缠绕一周的圈里穿出，系一个单结（→ p.89）。

4

手拧着角❸，制作提手。

5

与左边一样，与角❹系一个单结。

6

从袋子口，把手放入袋子中调整包形。

7

制作提手。为了隐藏包袱皮内侧，从正前方向后拧，在上方重合打结。

完成

将重合在一起的提手系死结（→ p.89）。调整外观，完成包装。

100

Part

04

丝带花结的基础教
程与创意设计

丝带花结的基础是蝴蝶结，但在盒子
上系丝带的方法也纷繁多样。例如简
单的纵一字形、横一字形、十字形、斜
线形，还有创新的 V 字形等系法。本
章还介绍了双层蝴蝶结、三只翅膀蝴
蝶结、绣球花结等使包装更加绚丽多
彩的丝带花结的系法。

丝带花结的系法

丝带系的美丽与否，对礼物的外观起着锦上添花的作用。
系法和打结方法虽没有好与不好之分，但也需参考 "系丝带花结的要领"（p.28），掌握丝带的美丽系法。

横一字形蝴蝶结

LEVEL ★☆☆☆☆　　系法 » p.103

纵一字形蝴蝶结

LEVEL ★☆☆☆☆　　系法 » p.104

斜线形蝴蝶结

LEVEL ★★☆☆☆　　系法 » p.105

十字形蝴蝶结

LEVEL ★★☆☆☆　　系法 » p.106

V 字形蝴蝶结

LEVEL ★★☆☆☆　　系法 » p.107

双面丝带蝴蝶结

LEVEL ★★★☆☆　　系法 » p.108

双层蝴蝶结

LEVEL ★★☆☆☆　　系法 » p.109

三只翅膀蝴蝶结

LEVEL ★★★★☆　　系法 » p.110

绣球花结

LEVEL ★★☆☆☆　　系法 » p.111

横一字形
蝴蝶结

基本方法是在中央系蝴蝶结。把蝴蝶结慢慢往左右移动时,把系的位置稍微往下移动,就会呈现出动态感。

1

确定一侧的蝴蝶结翅膀和腿的长度,找到蝴蝶结的起点位置。

2

把起点放置在盒子的左端。

3

用左手抓住并按住丝带与盒子。

温馨提示

不能用左手按在丝带上。

4

用右手把丝带缠绕一周,然后放在左手丝带的上面。

5

再把右手的丝带,从左手丝带的下方穿出来,从右上方拉出来。

6

在盒子的边角处,左手丝带往左下拉紧,右手丝带往右上拉紧。

温馨提示

需要注意的是,在盒子的正面拉紧会使结扣容易变松。

7

用左下的丝带制作第一只翅膀。

8

用持翅膀的左手按住结扣,把右手的丝带从翅膀上缠绕一圈。

9

从第一只翅膀的后面通过右手的丝带,做成第二只翅膀。

10

拉紧两只翅膀的根部,调整外观。抓住结扣慢慢移动,固定蝴蝶结的位置。处理蝴蝶结腿部,完成包装。

纵一字形
蝴蝶结

蝴蝶结位于上半部会显得
协调一点。也不要位于正
中间，而是要稍微靠右。

1

确定一侧的蝴蝶结翅膀
和腿部的长度，找到蝴
蝶结的起点位置。

2

把蝴蝶结起点置于盒子
最上边的中央，用左手
抓住丝带和盒子。

3

用右手把丝带纵向缠绕
盒子一周，在左手丝带
的右侧绕回来。

4

把缠绕一周的丝带，覆
盖在左手丝带上。

5

直接把右手丝带从左手
丝带的下面穿过去，从
右边拉出来。

6

在盒子的棱角处，左手
往上拉紧，右手往下拉
紧。

7

用右手丝带制作蝴蝶结
的第一只翅膀。

8

用拿着翅膀的右手按
住结扣，把左手的丝带
从翅膀上方出发缠绕一
圈。

9

从第一只翅膀的后面穿
过左手的丝带，做成第
二只翅膀。

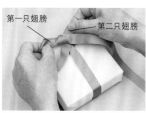

10

做好两只翅膀。

11

拉紧两只翅膀的根部，
调整外观。抓住结扣慢
慢移动，固定蝴蝶结的
位置。处理蝴蝶结腿部，
完成包装。

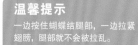

温馨提示

一边按住蝴蝶结腿部，一边拉紧
翅膀，腿部就不会被拉乱。

斜线形 蝴蝶结

基本特点是把蝴蝶结置于右上方。也有置于左上方的，如果包装纸的花纹或者写在正面的留言是横向时，可以把蝴蝶结置于左上方。

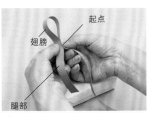

1 决定一侧的蝴蝶结翅膀和腿部长度，找到蝴蝶结的起点位置。

2 把蝴蝶结起点置于盒子右上边的中央，用左手抓住丝带和盒子。

3 用右手拿着长丝带，从盒子的右上中央→右下中央→左下中央进行斜线缠绕。

4 把缠绕盒子一圈的丝带，从出发点的右侧绕过来。

5 把右手丝带从左手丝带的卜面穿过去，从右上方拉出来。

6 在盒子的边角处，如箭头所示将左手、右手中的丝带拉紧。

温馨提示
使用盒子的边缘，结扣不容易松。

第一只翅膀

7 用左下的丝带制作第一只翅膀。

8 用拿着翅膀的左手按住结扣，把右手的丝带从翅膀上方缠绕一圈。

捏住根部

9 从第一只翅膀的后面穿过右手的丝带，做成第二只翅膀。调整外观，固定结扣的位置，处理腿部，完成包装。

温馨提示
拉紧翅膀的时候，最好抓住蝴蝶结根部，按住腿部往上拉。抓住结扣，慢慢移动蝴蝶结的位置。

十字形蝴蝶结

一说起礼物，许多人都会想到十字形蝴蝶结吧。选择此方法需要足够长的丝带。

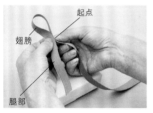

1

确定一侧的蝴蝶结翅膀和腿的长度，找到蝴蝶结的起点位置。

2

把起点置于盒子中央。

3

用左手按住丝带和盒子，用右手把丝带横向缠绕盒子一周。

4

把两手的丝带，在盒子中央外折叠并捏住。

温馨提示

外折叠之后，会使后面十字交叉部分更加好看。

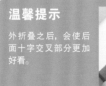

5

左手往上拉紧，右手往下拉紧，做成十字交叉。

温馨提示

如果不进行外折叠就十字交叉，丝带就不太容易翻过来。

6

用左手按住盒子和丝带，把右手的丝带纵向缠绕盒子一周。

7

把纵向缠绕的一周的丝带缠绕到十字交叉处。

8

直接把右手丝带从十字交叉处的下方穿过去，从右上方拉出来。

9

把左手丝带向下拉紧，右手丝带向上拉紧。

10

用左下的丝带系第一只翅膀，完成蝴蝶结（→p.103）。调整翅膀的大小，处理腿部的末端，完成包装。

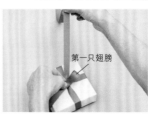

V 字形
蝴蝶结

把系成横一字形、纵一字形、十字形的两层丝带展开之后，就变成华丽的V字形蝴蝶结。此处将介绍纵一字形的模式。

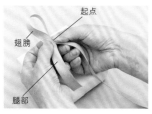
起点
翅膀
腿部

1

确定一侧的蝴蝶结翅膀和腿部的长度，找到蝴蝶结的起点位置。

起点

2

把起点置于盒子的中央最上方，用左手抓住盒子和丝带。把右手的丝带纵向缠绕盒子两周。

3

把缠绕了两周的丝带覆在左手丝带之上往下拉。

4

把右手丝带从缠绕两周的丝带下面穿过去，再从右方拉出来。

温馨提示

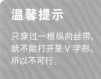

只穿过一根纵向丝带，就不能打开呈V字形。所以不可行。

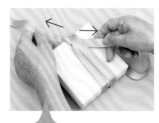

5

借助盒子的棱边，左手往上、右手往下，轻轻地拉。

温馨提示

这时，如果丝带拉得过紧，就很难打开呈V字形。

第一只翅膀

6

用右手的丝带制作第一只翅膀。

7

把左手丝带从翅膀上方绕过来。

捏住根部

8

从第一只翅膀的后面通过右手的丝带，做成第二只翅膀。抓住翅膀根部拉紧结扣。

9

固定结扣的位置，处理腿部末端，把纵向丝带V字形打开，完成包装。

双面丝带蝴蝶结

即一种只能看见丝带正面的打结方法。了解了此方法，无论选择任何丝带，都可以使用此方法，十分便利。

1

确定一侧的蝴蝶结翅膀和腿部的长度，找到蝴蝶结的起点位置。

2

把起点置于盒子中央，用左手按住丝带和盒子。用右手把丝带横向缠绕盒子一周，覆盖在左手丝带的上面。

3

把两只手中的丝带在盒子的中央进行外折叠并捏住。两手丝带十字交叉，把左手往上拉紧，右手往下拉紧。

温馨提示

如果不进行外折叠就十字交叉的话，丝带就会背面朝上。

4

把右手丝带纵向缠绕盒子一周，从十字交叉处的左下方穿过去，从右上角拉出。

5

左手往下拉紧丝带，右手往上拉紧丝带。

6

用左手的丝带制作第一只翅膀。

7

把右手丝带从翅膀上方绕一圈，再绕一圈。

8

把绕了第二圈的右手丝带，从第一圈中穿过，制作第二只蝴蝶结。

温馨提示

用手指把丝带塞进并穿过第一个圈中。

9

抓住蝴蝶结的翅膀的内侧，同时向外拉翅膀。调整翅膀的大小，处理腿部的末端，完成包装。

温馨提示

使用双面丝带的场合，如果抓住翅膀的内侧，会拉得更加整齐。

双层蝴蝶结

即制作两个蝴蝶结。完成
时呈现出别样的韵味，并
有极可爱的感觉。此方法
用于系基本的蝴蝶结仍感
到美中不足的情况下。

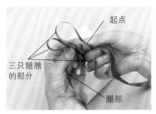

三只翅膀
的部分

起点

腿部

1

确定蝴蝶结三只翅膀的
部分和腿部的长度，确
定蝴蝶结的起点位置。

起点

2

把起点置于盒子的中
央，与十字形蝴蝶结
的方法（→p.106步骤
2~9)相同。

3

左手往下拉紧丝带，右
手往上拉紧丝带。

第一只翅膀

4

用左手的丝带在右侧制
作第一只翅膀。

第一只翅膀

第二只翅膀

5

用同一根丝带直接在左
侧制作第二只翅膀。

第一只翅膀   第三只翅膀

第二只翅膀

6

再在右边制作第三只翅
膀。

7

把右手丝带从两左一右
三只翅膀的中心开始绕
翅膀一圈。

第四只翅膀

8

把右手丝带从三只翅膀
的后方穿过制作第四只
翅膀。调整外观，处理
腿部的末端，完成包装。

温馨提示

捏住内侧的根部

拉紧左右两侧的内侧
翅膀的根部。要如果
分别拉外侧或内侧的
翅膀，或者全部拉右
侧的翅膀，是无法轻
松调整好外观的。

三只翅膀
蝴蝶结

如果在蝴蝶结的结扣部分再加一只翅膀，会呈现一种蓬松的可爱感。推荐使用宽的且无正反面之分的不透明丝带。

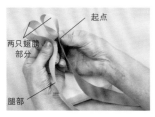

1 先确定蝴蝶结两只翅膀部分和腿部的长度，找到蝴蝶结的起点位置。

2 把起点置于盒子的中央，与十字形蝴蝶结的方法（→p.106步骤 *2~9*）相同。把左手往下拉紧丝带，右手往上拉紧丝带。

3 用左手的丝带在右侧做第一只蝴蝶结。

4 用一根的丝带从前面向后做一个环。完成时，这个部分在结扣的上方。

5 把右手的丝带穿过这个环。左手紧地按住翅膀和环。

6 穿过的时候，最好用右手拇指撑开环，用右手食指或者中指从上面塞进环里。

7 穿过之后，拉紧丝带。

8 拉紧之后，环如果过大，会有利于穿丝带，但是完成之后会很难拉紧。

9 把拉紧的丝带在第一只翅膀的后方穿过，制作第二只翅膀。

温馨提示
只是在结扣上多一个环，基本上与蝴蝶结的系法相同。

10 不触碰结扣上的环，按住左右两只翅膀的根部并拉紧。调整外观，处理腿部的尾端，完成包装。

温馨提示
拉紧的时候，需要捏住左右翅膀的根部，同时捏住左边翅膀的正前方和右边翅膀的内侧，这样才能系好丝带。

绣球花结

虽然绣球花结是自古就有的装饰物，但由于丝带的种类和搭配的不同，而产生了令人惊喜的方法。下面介绍将丝带与绣球花连接在一起的方法。

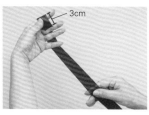

1

首先确定粘在盒子上的绣球花的大小。标准是用四根手指轻轻地展开。用手指在卷的起点撑开 3cm。

2

把丝带围着手指绕 6 圈。在距离卷的起点的 3cm 处剪断丝带。

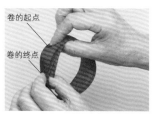

3

为了使卷的起点和卷的终点不偏离，用双手的手指和拇指紧紧按住。

4

把卷的起点和终点重叠，长度变成之前的一半，1.5cm。

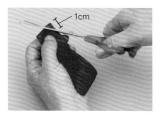

5

左手拿绣球花结，分别从左右两边的上面 1cm 处用剪刀剪去斜角。中间留 0.5~1cm 宽。

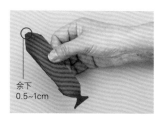

6

另一端也按照相同的方法裁剪。如果中间留的太宽，完成之后会显得不整洁。

余下 0.5~1cm

7

把丝带整理好，使剪过部分位于中心。

温馨提示

为了不使卷的起点和卷的终点错开，要分别用手指按住再倒手。

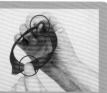

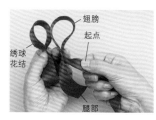

8

用另一条丝带与绣球花结系在一起，把一只翅膀加上一只腿的长度再加上 2cm，作为起点。

9

把起点对折，粘在绣球花结的中心。

10

在绣球花结的内侧系一个单结。

11

再系一个单结。拉紧才能使完成效果更整齐。

12

把绣球花结置于盒子中心，用左手捏住盒子。

13

用右手把丝带横向缠绕盒子一周。

14

做十字形。把右手丝带从绣球花结的下面穿过向右下拉，把左手丝带从绣球花结的下面穿过向左上拉，制作成十字形。

15

做成十字形，并拉紧。

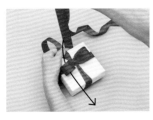

16

把右手的丝带纵向围着盒子缠绕一周，在绣球花结的下面穿过往左下拉紧。

17

从绣球花结下面穿过去。

18

把右手的丝带从十字的左下穿过去，从右上拉出来。

19

把左手的丝带往下拉紧，把右手的丝带往上拉紧。

20

用右手指把绣球花结向上按住。

21

用左手的丝带制作第一只翅膀，系蝴蝶结。把绣球花结一个一个地从内侧拉出展开。处理丝带的尾端，完成包装。

温馨提示

展开绣球花结的时候，用手指从内侧左右交叉往上拉紧，最好使劲拽。

Q 可以只做绣球花结然后粘在盒子上吗？

A 原则上可以。但是，这样一来，丝带便失去了它自身"连接你我"的意思了。如果把丝带和绣球花结连在一起，也会更加漂亮。

Part

05

各种形状的
包装法

把难以放入盒内的物品或者计划根据
形状包装的物品等作为礼物赠送时，
应该采用能彰显该物体形状特点的包
装方法。本章将详细介绍此类方法。
与被放入盒内的礼物包装不同，此包
装既带给人隐约能看见里面的礼物的
兴奋感又可保护物品，同时又衬托了礼
物的美丽。请参考各式各样的包装材
料的灵活使用方法。

Lesson 1

小零食的包装法

此方法适用于包装糖果或者巧克力等小点心。

如果计划把钥匙扣或者一般的饰品等简单物品包装得更加可爱，

也可以采用此方法。

同时，此方法也适用于包装烘焙的糕点、面包等稍大点的物品。

胡萝卜形状的包装方法
LEVEL ★☆☆☆☆

材料

● 纸
  1 张透明纸
  1 张薄纸

● 丝带
  2 根不同种类的
  拉菲草绳

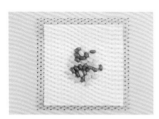

1

把需要包装的东西放在剪成正方形的薄纸上。把透明纸剪成比薄纸大一圈的正方形。图中为边长 15cm 的正方形。

2

把薄纸和透明纸呈菱形放置，如图将两层纸下角重叠对齐。用左手捏住对齐的边角，向后卷成胡萝卜形状。

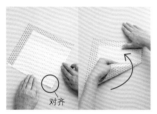

对齐

3

在卷的终点用封口贴纸固定住，放入物品。贴有贴纸的一边作为背面。

4

把手伸入包装里，先整理正面的褶子，这样会看起来更加整齐。

5

再整理剩下的褶子，把拉菲草绳折成四层（→ p.139）系蝴蝶结。处理拉菲草绳的末端，完成包装。

米袋形状的包装方法
LEVEL ★☆☆☆☆

材料

● 纸
  1 张蜡纸

● 丝带
  1 根细丝带

1

将蜡纸对折。下面的纸比上面的纸稍微超出 1cm，会使完成效果更好。

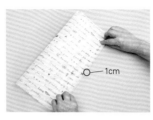

—1cm

2

把超出的 1cm 向内折 2 次，再把折痕移到中间。

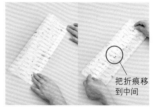

把折痕移到中间

3

使折痕朝内，纸左右对折，把物品装进两个袋子里。

4

把细丝带夹入袋口位置，向内折 2 次。

5

用细丝带系蝴蝶结，闭合袋口。在细丝带的末端系单结，完成包装。

Lesson 2
果酱瓶的包装法

这是一种把纸绳展开作为包装纸进行包装的方法，是充满乐趣的方法。除了包装果酱瓶，也可以把茶叶罐、水果、球类、蜡烛、肥皂等小巧物品包装得趣味十足。

使用纸绳的包装法

LEVEL ★★☆☆☆

材料

- **纸**
  3根不同种类的纸绳
- **丝带**
  1根棉质丝带

1

用手指捏住纸绳与瓶子顶部直径长度相同的位置，然后移动到瓶子顶部的中心。

2

使装饰部分比瓶子高出5cm，把绳子缠绕瓶子上下一周再回到顶部中心位置。

3

使绳子和装饰物的高度相同，剪掉多余的绳子。

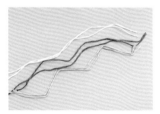

4

分别把每一种绳子剪出2根与步骤*3*等长的绳子，一共6根。

5

制作提手。把三种绳子合在一起，在末端系单结。在距结扣1cm处剪掉多余的绳子。把绳子端头放置在瓶子的中央，使装饰物高出瓶顶8cm，剪掉多余的部分。

6

另一端也按照相同的方法系单结，再处理末端。

温馨提示
用双手拉紧，确认是否系紧。

7

把6根纸绳一根一根地展开，呈现出自然的褶皱。注意小心展开纸绳，避免撕破。

8

轻轻地拧动展开的纸绳的中心，按照茶色、白色、米黄色的顺序呈放射状排列摆开。

9

把瓶子置于放射状纸绳的中心，把提手放在瓶顶中心，使结扣平放在瓶顶，使环形立起来。

10

把纸绳按照从上到下的顺序依次包装瓶子。这时，把装饰部分向外翻折5cm并抓住。长度可以不同。

11

再把另一侧的6根纸绳按照同样的方法包装，用丝带系蝴蝶结。注意如果系的不紧，提手会掉落。

12

把装饰部分展开，把多余的部分剪掉，完成包装。

CD、DVD 的包装法

把节日或者旅行的照片拷贝成 CD 寄过去，需要花费心思包装。用双面纸包装，或者用可以让人看到里面的照片的开孔式包装法，可让对方感受到自己的用心。本方法可用于包装书、相册、笔记本、信等薄而平的物品。

双面纸包装法

LEVEL ★☆☆☆☆

材料

● **纸**
剪报
1张剪贴薄用纸
（也可以使用稍硬的
双面纸）

把纸张裁剪成纵向长度为CD直径的2倍+5cm，横向长度为CD的直径+7cm的纸。把进行了1cm装饰折边的纸张下部，向CD的中心线对折。

装饰折边

2

把顶部往下折叠覆盖在CD上。

把纸的上部展开，把左右两边覆盖在CD上。因为CD有一定的厚度，所以上部容易向外展开。注意要笔直地折叠。

使两端宽度相等

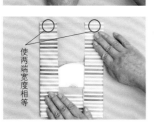

把左下角超过展开的折痕斜着折叠。然后错开斜着折叠重新覆盖在CD上，这时会出现一个装饰褶。

装饰折纹

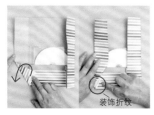

按照相同的方法，把右下角折好。把左上角和右上角也沿斜线折叠，覆盖在CD上，插进下部。完成包装。

开孔式包装法

LEVEL ★★☆☆☆

材料

● **纸** 单色纸、花纹纸各1张
（花纹纸最好选择小花纹的纸）
● **丝带** 1根细丝带
● **其他** 打印1张CD里的照片
● **工具** 切割垫、双面胶带

把纸裁剪成纵向长度为CD的直径+6cm，横向长度为CD的直径+7cm的纸。把照片用胶带贴在CD上，把纸的右端折一个3cm的装饰折边。

装饰折边

2

把左侧纸覆盖在CD上。如果纸张覆盖到需要挖孔的部分，需要剪掉多余的纸。上边和下边也按照相同的方法覆盖。

把下部折多一点

贴上双面胶带

用多余的纸剪一个星形，放在将要挖孔的位置，在星形纸上贴上双面胶带。

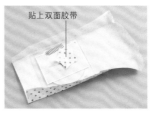

把右侧纸覆盖CD，再打开。星形纸就贴在将要挖孔的纸上了。

星形

用小刀沿着星形纸的下半部切割纸，向外折叠，做成窗户。再闭合上边和下边，把右侧插进左侧纸里。用丝带斜线打结，完成包装。

切割

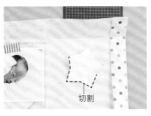

119

Lesson 4

书本的包装法

这是一种兼具书签功能的书皮式包装方法。

礼物送出去之后，

对方还能继续使用此包装。

包装完成后，可以插上留言卡，

也可以系上丝带。

书皮风格的包装法

LEVEL ★☆☆☆☆

● 纸
1张双面纸

1

选所需尺寸的纸。横向长度是书的周长 +2 处折边（因为要折边，纸选择稍微大一点的）。裁剪两个这样的长度。图中的折边是两个 13cm 的长度。

2

纵向长度是书的高度 + 口袋 +3cm 的折边。图中大约是 12cm 的口袋。

3

把纸的正面朝上，把纸的下边向上折 1cm 的折边。在此处做成口袋的折边。

折边

4

制作口袋。一边看着纸的正面，一边将纸斜着折起来。

折口袋

5

把纸翻过来，反面朝上。在书皮的封面侧，折 2cm 的折边。

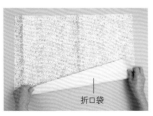

折边

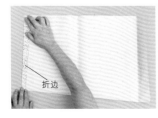

6

把书放在纸上，把纸的上边与书本对齐折叠。

7

把书皮的正面覆盖在书上。在折边处折出折痕。书皮背面也折出折痕。

8

把书翻过来，封底朝上。把书皮的背面折好。

书签

9

把书皮背面的上、下角如图折叠。做成书签。

温馨提示

斜着折的时候，不要与书皮背面的折痕重合。要留出书脊的宽度。

书脊的宽度

10

把书签插入书中，合上书。完成包装。

折叠伞的包装法

这是一种用皱纹纸折出荷叶边形状的雅致的包装法。
除了折叠伞之外，也可以包装瓶子、日历、奶瓶等细
长的物品，荷叶边可将礼物映衬得更加柔美。

皱纹纸的包装法

LEVEL ★☆☆☆☆

材料

- **纸**
  1张皱纹纸
  （注意如果过厚，就折不出
  荷叶边的形状了）
- **丝带**
  1条单色或花纹丝带

1

选取合适的纸。使纸的
褶皱呈纵向放置，纸的
宽度是伞的长度+直径
+5cm。

温馨提示

紧拉皱纹纸，纸就会
伸长，用剪刀轻轻地
裁剪。

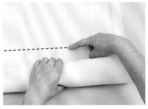

2

纸的长度是伞的周长
+5cm。剪三张同样尺
寸的纸。

3

如图把三张纸错开重
叠，把伞斜置在对角线
上。

4

如图从左下开始卷。

5

卷的过程中，把伞头部
的纸折上来。

6

折上来的部分要紧贴着
伞的边缘，用手指按住，
接着把伞往前卷。

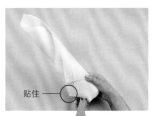

贴住 ○——

7

卷到终点时，用双面胶
带固定边缘。

温馨提示

双面胶带要同时贴住
三张纸，这样才能固
定好。

8

用丝带系蝴蝶结，闭合
口部。如果丝带太宽，
最好对折一下。

9

用手指把纸边捏成荷叶
状。把握整体的均衡，
随意捏出荷叶边的方向
即可。处理丝带的末端，
完成包装。

Lesson 6

奶油蛋糕的包装法

这种包装能呈现奶油蛋糕的形状，如果使用让包装
物隐约透出来的材料包装，完成时就会呈现出奶
油蛋糕独有的魅力。玻璃纸、蜡纸、透明纸耐水性
较好，不会渗出水分或油分，很适合用于包装食品。

使用玻璃纸包装

LEVEL ★☆☆☆☆

材料

- **纸**
  1张玻璃纸
- **丝带**
  1条单色或者花纹丝带
- **其他**
  1个领花
- **工具**
  打孔器

1 选取所需尺寸的纸。**将纸裁剪为宽度为蛋糕的周长+6cm，长度为蛋糕的周长+厚度的2倍+4cm。**

2 把蛋糕放置在裁剪好的纸的中央。

3 把上下两边的纸在蛋糕上方重合，并向外折两次。

4 把折好二折的纸朝箭头方向放平。

5 把左端的纸折上来，如图所示把上下两角内折。

6 把左端的纸折成三角形，覆盖在蛋糕上。

7 按照同样的方法处理右端的纸。

8 用打孔器打出穿丝带的孔。

温馨提示

打孔时，需要掀开三角形，检查打孔的位置，才不容易打坏。

9 **打过孔之后立刻穿进丝带。**另一端也按照同样的方法处理。

温馨提示

立刻把丝带穿进孔，为的是防止包裹散开，孔随之错开。

10 系上蝴蝶结，别上领花，完成包装。

Lesson 7

圆形蛋糕的包装法

赠送亲手制作的圆形蛋糕时，需要制作一个拱形蛋糕架。这样不仅使外观更加可爱，也把珍视礼物的心意一并传递给了对方。也可以用能够看到礼物的包装方法，包装餐具或布玩偶。因为不需制作架子，所以包装餐具或玩偶比包装蛋糕更加简单。

使用亲手制作的蛋糕架与透明纸包装的方法

LEVEL ★★★★☆

材料

● **纸**
1张波纹纸、1张透明纸

● **丝带**
1根单色或者花纹丝带

● **工具**
切割垫、直尺

剪取1.5倍长度时，要使条纹纵向放置

1 选取所需尺寸的波纹纸。把条纹横向放置，横向长度为蛋糕的直径+10cm，纵向是横向的1.5倍。

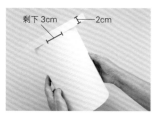

剩下 3cm　2cm

2 把较长的一边（1.5倍）在距离边缘2cm的地方从两端向中间割开，中间留3cm不切割。

3 在剩下的3cm处，用刀具的背面在纸的正面划出印记。这样做能够使波纹纸变得容易折弯。

4 另一边也按照相同的方法进行切割。这样就做成了蛋糕架了。把多余的纸沿纵向纹切割2条1cm宽的带子。

5 把带子弯曲成拱形，注意要比蛋糕的高度高一些，剪掉多余的部分。

6 用双面胶带把前后两边的切口贴起来，粘成一个圆形。然后将底座折成正方形。在上面摆上蛋糕，把带子弯曲固定成圆拱形。

7 裁剪透明纸。纵向长度是蛋糕的周长+10cm，横向长度是蛋糕架的边长+20cm。

10cm

5cm

8 将蛋糕放在透明纸的左右中央，远端留出5cm，近端向上折，轻轻地覆盖在蛋糕上，在底面折两折。

温馨提示

最好把折两次的部分在与蛋糕的重叠处按住，不需要用胶带固定。

9 制作提手。剪切出一个10cm长度的透明纸。向中间上下对折。

把褶皱抓在一起

10 把提手和架子的侧面抓在一起，制作褶皱。

11 用丝带把提手和架子侧面系住，系蝴蝶结。根据蛋糕决定提手的长度，相对的一侧也按照相同的方法系住。处理丝带的末端，完成包装。

127

花束的包装法

包装鲜花作为礼物赠送时,可用此包装方法。
赠送较小的花束时,如果包装得过于华丽会
显得极不协调。
如果使用身边现有的材料包装,会给人一种
环保的好感。

使用烘焙纸包装的方法

LEVEL ★☆☆☆☆

材料

● **纸**
　1张烘焙用纸

● **丝带**
　1根纸绳
　（也可以用丝带替代）

1

根据花束的大小，把烘焙用纸剪成正方形。图中纸的边长为30cm，裁剪3张同样尺寸的纸张，微微错开重叠放置。

2

把花束放置在纸的对角线上，先在花束左边聚拢出褶皱。

温馨提示

把纸呈山峦形蓬松地立起来，聚拢出褶皱，包装会显得更加漂亮。

3

另一边也按照相同的方法，聚拢出褶皱。

4

观察整体，调整外观。

5

把纸绳折成4根，紧紧地系住根部。

温馨提示

把绳子折成4根，即使是细绳子也能呈现出质感。

6

将纸绳系成蝴蝶结。在蝴蝶结腿部系上单结，完成包装。

温馨提示

因为是4根纸绳，可以把纸绳腿部打成圈系单结。

小知识

包装成128页的右侧的花束，更加简单。把烘焙用纸对折，围着花束缠绕一周，在花束根部用纸绳打结就完成包装了。比起有长度的花束，此方法更适合小花花束。呈现出可爱俏皮的感觉。

Lesson 9

餐具的包装法

餐具等易碎的物品，即使放入盒内也有可能破损。如果用无纺布采取圆柱形包装法包装，不用塞进盒内便可以用褶皱紧紧地固定。满满的褶皱还可以使外观看起来更加华美。

使用无纺布包装的方法

LEVEL ★★☆☆☆

材料

● **纸**
2块不同种类的无纺布
（如果使用单色和花纹两种
类型，会更有感觉）
1张薄纸

● **丝带**
内置金属丝的丝带

1

根据餐具的大小，裁剪
薄纸。薄纸要比杯子大，
比托盘小。

2

把2块无纺布重叠在一
起，进行裁剪。长度为
餐具的周长+5cm，然
后以这个长度为边长，
裁剪成正方形。

3

把2块重叠的无纺布呈
菱形放置。餐具稍稍靠
左放置，使左右两角重
合在一起。在餐具的右
侧上方拧一个结。

温馨提示

如在杯子的正上方把
布拧成结，会使整体
显得不协调。

把褶皱捋
到把柄处

4

从左侧做出褶皱。用右
手紧按住餐具，把褶皱
做到杯子的把柄处。

5

用褶皱使餐具紧紧地固
定住。

6

另一边也按照相同的方
法做出褶皱。

7

在最后把正前方也做出
褶皱。

8

用丝带系住闭合口部。
如果出现褶皱较松的情
况，要拉紧调整。

9

制作装饰丝带。使用剩
余的无纺布制作2条不
同种类的4cm宽的无
纺布条。

10

把2条丝带重叠，对折。
一条丝带把花纹置于正
面，另一条丝带把单色置
于正面，把2条丝带的中
心重叠在一起。

11

把装饰丝带用丝带蝴
蝶结系住。把丝带
较长的一只腿卷成卷
（→p.29），把另一只腿
剪短，完成包装。

双柄锅的包装法

即使是体积大且沉重的双柄锅，也可以使用包袱皮包装得俏
皮可爱。使用同样的方法还可以包装西瓜和球类等物品。此
方法不仅能够完整地呈现锅的形状，而且也随之赠送了实用
的包袱皮，会使对方喜上眉梢。

使用包袱皮包装的方法

Part
05

各种形状的包装法

LEVEL ★☆☆☆☆

材料

- **纸**
  1张薄纸

- **丝带**
  1根蝉翼纱丝带
  （可以使用单色或者花色
  丝带替代）

- **其他**
  1块包袱皮
  （尺寸根据包装物品决定。图中锅
  是18cm，包袱皮是70cm）

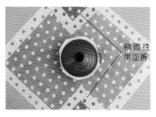

1 薄纸根据锅的大小折进去，夹在锅与盖子之间。包袱皮呈菱形放置，把包袱皮的前侧和后侧稍微往中间折起。

稍微往里面折

2 把正前方的包袱皮覆盖在锅上，把左右两边向中心抓出褶皱。也把后边的包袱皮按照同样方法处理。

3 把左右两角也覆盖在锅上，拧到中间。

4 紧拉拧着的左右两角，抚平侧面的松弛部分。

5 用丝带系住口。系上蝴蝶结，处理丝带末端。

6 拉紧褶皱，再一次抚平松弛部分。最好用手按住丝带的结扣同时抚平。

7 制作提手。把左右的角从正前方向后拧。

温馨提示

从后方向正前方拧，如果使人看到包袱皮的反面则效果不佳。

8 把拧完的左右两角在上方打死结（→ p.89）。

9 调整整体的外观，完成包装。

Lesson 11

毛巾的包装法

作为乔迁的祝福，向对方赠送毛巾或者抹布时，如果把其包装成包含"初次见面请多关照"之意的礼签风格，就更加完美了。除了毛巾之外，也可以采用此方法包装衣服、布料，或者书、CD 等扁平的物品。

礼签式装饰物的包装法

LEVEL ★★☆☆☆

材料

- **纸**
  1张双面纸
- **丝带**
  1根单色或花纹丝带
- **工具**
  黏合剂、花形打孔器
  （如果没有花形打孔器，可用剪刀剪出花形）

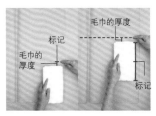

1

把毛巾放置在纸的右下方，在毛巾的长度＋厚度处标上标记，再从标记处向上＋毛巾的长度的1/2＋厚度处作为纵向长度，用剪刀裁剪掉多余的包装纸。

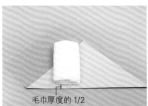

2

横向长度为纵向长度的1.5倍，如图所示从右下方起折三角形。距离正前方的纸的边缘在毛巾厚度1/2长度处放置毛巾。

3

把正后方的纸也在距离毛巾厚度的1/2处，向前折叠过来。

4

把右侧纸覆盖在毛巾上。再沿着毛巾的左右中线向外翻折。

5

拿开毛巾。将右侧纸展开，然后沿着外侧的折痕将右边的三角形的右下角向上，向里折，折成菱形，将菱形的左侧折向右侧。

6

把毛巾放置在包装纸中间，按照先右侧再左侧的顺序覆盖住毛巾。再把右侧重新覆盖在左侧之上。

7

折叠礼签风格的装饰物。把右侧的褶子展开，为将左右折成礼签形状，斜线折叠。

温馨提示

为了使左右对称，折了一边之后，再重叠着折向另外一边，使倾斜角度一致。

使与此线对齐

8

左右两边再折叠一次。

9

制作花形装饰物。用花形打孔器在多余的纸上做出三朵花形装饰物。也可以使用剪刀剪出。

10

为了使花更加立体，紧贴着钢笔弄卷花。也可以使用笔尖紧紧按压花芯部分，制造立体角度。

11

用丝带把包装缠绕一周，在正面重合处用双面胶带固定住。用黏合剂把花粘贴在丝带上，完成包装。

Lesson 12

棒球棒和棒球手套的包装法

把有长度的运动用品包装成巴黎花店风格的包装，能够令物品更加时尚。因为能够直接展示内部物品，所以此包装法的关键是呈现物品的有趣的形态。包装大物件时不必完全包住，可以让对方看到里面的东西，给人愉悦的感觉。

巴黎花店风格包装法

LEVEL ★☆☆☆☆

材料

● **纸**
1张双面纸、1张透明纸
（如果没有自己喜欢的双面纸，
可以把两张纸粘在一起）

● **丝带**
2根不同种类的宽丝带

● **工具**
订书机

选取所需尺寸的纸。双面纸的纵向长度是物品的长度＋厚度＋3cm。横向长度是物品的宽度＋6cm。提前把透明纸按照双面纸的纵向长度裁剪。

裁剪透明纸的横向长度，确保纸张能够轻轻地覆盖并包裹住物品。因为之后需要稍作调节，所以要裁得稍大一点。

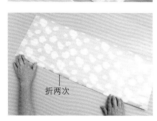

折两次

把双面纸和透明纸重叠在一起，沿一条长边向内折两次。最好先折中心部位，再向两端折叠。

用订书机固定住多处。这时也可提前固定住中心，这样就不容易偏离了。

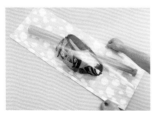

放入物品。因为要用丝带系住下面，所以最好把棒球手套放在中央。

另一边也按照相同的方法折两次，用订书机固定。

在包装的上端的中心处折出褶皱。

温馨提示

不是在整体，而是只在中心处做出褶皱，完成效果会更加整洁，操作也会更加简便。

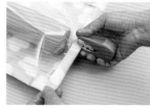

再把包装的上端折两次，把褶皱也一并卷进去。先用订书机固定住中心处。

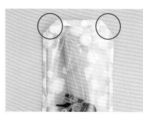

将左右两上角折向背面，用双面胶带固定。

包装下部，把两侧慢慢向中间聚合。用双层丝带系蝴蝶结，完成包装。

温馨提示

注意拿着整个下部或者把包装纸拧着卷，完成效果不佳。

球形礼物的包装法

这是一种使用运动毛巾，包装球形礼物的具有创意的
方法。一般会给人一种生机勃勃的印象。还可以使用
长布巾包装小球，或者使用面巾包装浴室用品。

使用运动毛巾包装的方法

LEVEL ★☆☆☆☆

材料

● **丝带**
2 根不同宽度的丝带

● **其他**
1 条运动毛巾

1

根据球的直径折叠毛巾。图中的毛巾是对折，也可以折成三层。

2

把球放在毛巾中间，把毛巾的两端在上方重合。

3

把丝带夹在毛巾的边上，向下折两次。

4

如果毛巾过长，再折几次。把丝带调整到球的正上方。

温馨提示

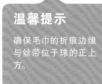

确保毛巾的折痕边缘与丝带位于球的正上方。

5

抓紧毛巾，用丝带在正前方系紧打结。

温馨提示

抓紧毛巾时，把侧面稍微向正面折叠，这样能够使人看清楚物品，也可以使包装立体。

6

把丝带系成蝴蝶结，处理丝带末端，完成包装。

小知识

在此处，使用两种丝带更能增加质感，但也有把丝带折成 2 根或 4 根的包装方法。即使简单打结，也能提升包装的华丽感。

1

把丝带折成 2 根。如果使用 4 根丝带的方法包装，要提前把丝带折成 4 根。

2

按照一般方法系成蝴蝶结。把丝带一边的腿，系成圈。

3

展开翅膀，调整外观，处理腿部的末端，完成双重蝴蝶结包装。

Lesson 14

冷藏保温袋的包装法

这里介绍把冷藏保温袋进行一次大变身的方法。冰激凌、布丁、手工制作的食品等物品作为礼物赠送时都必须使用冷藏保温袋。除了皱纹纸，也可使用无纺布、带花纹的透明纸等进行包装。

皱纹纸的装饰包装法

LEVEL ★☆☆☆☆

材料

● **纸**
  1张双面的皱纹纸

● **丝带**
  1根单色或者花纹丝带
  1根卷丝带

● **工具**
  打孔器

1
选取所需尺寸的纸。纵向长度为袋子的周长+7cm，横向长度为提手的宽度+3cm。

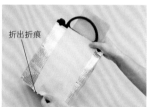

折出折痕

2
把纸的一端与袋口对齐，围着袋子上下缠绕一周，在底部的2条接缝处折2个折痕。

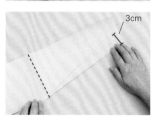

3cm

3
从折痕的位置出发斜着折叠3cm的宽度。

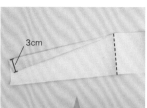

3cm

4
另一侧也按照相同的方法折叠。

温馨提示
为了折叠对称，把另一侧与已经折好的一侧重叠，折出折痕。

覆盖

5
把纸上下缠绕袋子一周，穿过提手。覆盖住正前方的斜线部分，在重叠处穿孔，并穿入丝带。

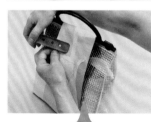

6
另一侧也打孔，穿入丝带，系蝴蝶结。

温馨提示
如果丝带过宽，穿不进孔时，可以用透明胶带把丝带末端卷成细卷固定。

把连着的一边作为花芯根部

7
制作花形装饰物。在多余的纸张上制作三个边长为10cm的正方形。对折两次剪出花瓣形，展开之后就成了花朵形状。

8
抓住花瓣的中间，用卷丝带的中央系住。把剩下的花瓣形状纸一张一张地重叠在上面系住。最后再一次打结。

9
把花瓣弄卷。最好用剪刀的背面抒卷。注意如果力量过大，会把花瓣弄破。

10
把卷丝带穿过袋子的蝴蝶结的结扣，系住之后系蝴蝶结。用剪刀的背面把卷丝带抒卷（→ p.29），完成包装。

饭盒的环保包装法

使用可循环利用豆腐盒或布丁杯代替饭盒。使用纸巾包装，
还可以用来擦手，可谓一举两得。

b
LEVEL
★☆☆☆☆

a
LEVEL
★☆☆☆☆

c
LEVEL
★☆☆☆☆

a 使用较大的豆腐盒	b 使用布丁杯	c 使用较小的豆腐盒

a 使用较大的豆腐盒

1

如图把倾斜放置的纸巾根据盒子的宽度，重新折叠。

2

把蜡纸倾斜放置，包裹盒子。如图包住盒子，上角折两次。

3

用纸巾卷住盒子，把蜡纸的两端盖到盒子上面，用彩绳固定，完成包装。

b 使用布丁杯

1

提前剪好一个能放入 2 个布丁杯的三角网。

2

把布丁杯并排放置在网里，把网折两次。

3

如图片所示，把布丁杯叠放在一起，用彩绳封住网口，完成包装。

c 使用较小的豆腐盒

1

把食物放入豆腐盒里，用另一个盒当作盖子盖住。

2

使用胶带固定住两边。如果把边稍微往内侧折叠，容易剥开。

3

把纸巾折叠成盒子的宽度，把盒子卷进去，用彩绳固定，完成包装。

Part

06

乐享包装的
创意设计

本章将介绍印章与遮蔽胶带的使用方
法，领花、星芒花、绒球等独具创意
的装饰物制作方法，以及用衍纸制作
装饰物的方法，分享我们私家珍藏的
创意方法。

愉悦的包装创意设计

无论任何素材，都可以根据创意设计变身为简便的个性化包装，带给对方无限的惊喜。
采用身边的物品进行包装，发挥自由的想象，尽情地享受其中的乐趣吧。

制作方法 » p.145

自制包装纸

把孩子的手工画或者喜欢的画布，使用彩色复印纸，复制成简单的包装纸。

LEVEL ★☆☆☆☆

制作方法 » p.145

盖有印章的标牌

将数字或英语字母印章印在标牌上，易呈现出商店风格。

LEVEL ★☆☆☆☆

制作方法 » p.145

遮蔽胶带

使用带子和彩绳闭合口部或增强孔边的设计感。可爱的花纹是关键。

LEVEL ★☆☆☆☆

制作方法 » p.146

手工制作的领花

不仅可以作为包装的精致装饰物，也可以装饰在包上或者鞋上。

LEVEL ★☆☆☆☆

制作方法 » p.147

星芒花

使用少量的剩余素材就能够制作出来。给包装贴上几个小星芒花，会显得俏皮可爱。

LEVEL ★★☆☆☆

制作方法 » p.147

绒球

把几种毛线搭配在一起，会呈现出不同的感觉。有很强的季节感。

LEVEL ★☆☆☆☆

制作方法 » p.148

惊喜盒子

一打开盒子，心和兔子就会突然跳出来。也可以自己根据创意设计主题。

LEVEL ★★★☆☆

制作方法 » p.149

波纹纸盒子

即一种侧面点缀着花朵的手工制作的盒子。适合赠送糕点时使用。

LEVEL ★★☆☆☆

制作方法 » p.150

衍纸

把细长的纸卷成圈制作而成。用作包装盒、卡片的装饰或拼贴画。

LEVEL ★★☆☆☆

自制包装纸

重点是，布料上的图案能够被复印下来。用儿童画包装时，最好在包装纸的背面写上这是来自于儿童画的留言。

复印布料上的图案或儿童彩印画。确定要包装的盒子之后，可以把比盒子表面稍大的图画放大或者缩小，调整外观，再进行包装。

包装时，推荐使用接缝包装。确定想呈现出来的花纹的位置。儿童画与枕形盒更相配。

盖有印章的标牌

给纪念日的礼物系上标有日期的标牌，或者给果酱等自己亲身制作的物品系上标有保质期的标牌。如果加上使用的素材，使用度也会随之提高。

把剩余的硬纸板剪成标牌形状，打上孔。

盖上印章。用直尺比着笔直盖上去，会显得更加好看。穿上绳，完成制作。

遮蔽胶带 part 1

可以替代透明胶带或者封条的遮蔽胶带，也可以当作带子或彩绳使用。

封口时，拧紧遮蔽胶带并缠好粘牢。关键是能够让人看见遮蔽胶带的花纹。

遮蔽胶带 part 2

打孔时，提前贴上遮蔽胶带，既呈现出设计感，又能够增强孔边的装饰感。

把剩余的硬纸板剪切成标牌的形状，在上面贴上遮蔽胶带。也可以使用遮蔽胶带把标牌制作成粘贴画。

贴上遮蔽胶带，打孔。

温馨提示
取下打孔器的盖子，最好从背面确认孔的位置。

穿上绳子，完成制作。

手工制作的领花

材料

- **纸**
  1块无纺布
  （也可以使用其他柔软的素材。也可以搭配不同类型的纸）
- **丝带**
  1根细丝带
  （也可以使用金属丝）

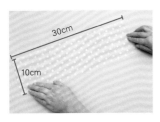

1

把无纺布裁剪成宽10cm，长30cm，也可以改变宽度和长度。

30cm
10cm

2

折成8等份。根据个人喜好也可以分成若干等份。折的次数少，就会折成大花瓣；折的次数多，就会折成小花瓣。

3

把上下两端剪成弧形。

4

把剪切好的纸展开。

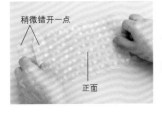

5

稍微错开一点

正面

把展开的纸分成2等份或者3等份，把纸**正面朝上**重叠在一起。稍微错开一点会更好。

6

超出7cm

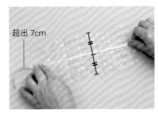

把丝带放置在纸的中央。丝带左右两端最好都超出纸7cm。

7

把纸上下对折并直接用纸夹住丝带。然后左右对折。

8

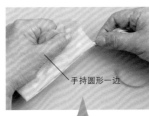

手持圆形一边

紧拉丝带，拉出褶皱。如图手持弧形一端，会使褶皱拉得更整齐。

温馨提示

如果纸过长，最好用手按住纸的圆形处。

用手按住

9

不要用力猛拉，要慢慢地拉出褶皱。

10

把丝带拉紧到最后，打两个死结固定住。

11

在外侧把花瓣展开，调整外观，完成制作。

星芒花

 材料

- **纸**
  1张单色纸或者花纹纸
- **工具**
  订书机

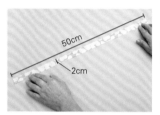

1

把纸裁成2cm×50cm的带子。

2

把纸的左端如箭头所示，缠绕拇指一周。把卷好的纸的上部扭成三角形❶。

3

把卷在拇指上的纸端摘掉。

4

按照顺时针方向，扭转纸，在上部扭成三角形❷。按照同样的方法，扭转5个三角形。

5

制作完角之后，纸端卷回中心，用订书机固定，剪掉多余的纸，完成制作。

绒球

材料

- **1卷毛线**
  ※ 也可以组合多种颜色的毛线。

1

把毛线缠在3根或者4根手指上，缠20圈。如果同时缠2种毛线时，可以缠10圈。圈数越多，会越有质感。

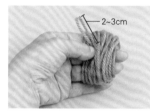

2

缠完之后，在距离起点2~3cm处，剪掉剩余毛线。

3

用另一根毛线在绒球的中心紧紧地系两次死结，固定住。

4

把上下两端的圈剪开。注意不要剪坏。

5

修整形状，把绒球剪成圆形，完成制作。

惊喜盒子

材料

- **纸**
  1张白色的波纹纸
  （剪的时候，最好侧面也是白色的）
  1张粉色纸或花纹纸
- **其他**
  有盖子的正方形盒子
- **工具**
  黏合剂、尺子、切割垫

1

把波纹纸的条纹横向放置，裁剪出与盒子宽度相同的纸。

使条纹横向放置

2

紧贴盒子，确定波纹纸的长度，沿斜线剪。

折叠

斜线剪

温馨提示

折痕的部分用小刀的背面划出线条，就变得容易弯折。

3

为了使波纹纸横跨盒子两面，用小刀切割两处2cm的切口，使其立起来。

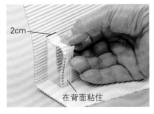

4

加固立起来的部分。把多余的波纹纸条纹纵向放置，剪切出一小块，在背面用双面胶带粘住。

2cm

在背面粘住

5

把波纹纸贴在盒子上。使用双面胶带把两侧粘住，最好从上面开始固定。

6

制作兔子。把波纹纸的条纹横向放置，剪切出5mm宽的带子。用带子的一半长度卷出兔子的耳朵，用黏合剂固定。

5mm

黏合剂

7

用手指把步骤6制作出的耳朵捏成水滴形。再稍微捏一下，捏成耳朵形状。

稍微捏一下

抓住

8

观察整体，确定头、身体、尾巴的大小，卷成圆形。如果想要拉长带子，可以使用黏合剂连接。

9

根据盒子的大小，在多余的波纹纸上剪出一个圆形，再如图剪成螺旋状。为了使中间留有空隙，再次修剪一下折痕。

10

用双面胶带把螺旋状的起点粘在盒子上。把螺旋状的终点也用双面胶带粘在盖子上，这样就被固定在盖子上了。

双面胶带

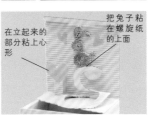

11

用黏合剂把兔子和心形贴纸粘在盒子上，完成制作。

在立起来的部分粘上心形

把兔子粘在螺旋纸的上面

波纹纸盒子

材料

- **纸**
  1张茶色的波纹纸
  （也可以选择彩色的波纹纸，剪切的时候侧面呈现彩色）

- **丝带**
  1根单色或者花纹丝带

- **工具**
  切割垫、直尺

使波纹纸的条纹横向放置

0.5~1cm

1 把波纹纸的条纹横向放置，切割出15个0.5~1cm宽的纸条。

2 用手把纸条卷成卷。

3 卷完之后，如图所示，**稍微放松一下卷**。

捏住

4 用黏合剂固定住终点，在固定的地方用手指捏成水滴形。制作12个，作为花瓣。

5 把纸条剪掉一半，卷成花芯，用黏合剂固定。制作2个花芯。

6 用黏合剂6个花瓣粘在一起。如果在清洁纸垫上黏合，会更容易操作。

7 用黏合剂把花芯也贴上。做成2朵花。

8 围着花朵绕一圈纸条。如果纸条绕一圈还有多余，要继续绕下去，在终点用黏合剂固定。

温馨提示

在花瓣的尖端涂上黏合剂再卷，可以更好地被固定。

黏合剂

9 将剩余的波纹纸的条纹横向放置，根据喜好剪切盒子的宽度。盒子的长度是花朵的周长**+3cm**。

3cm

10 打1个能穿丝带的孔。在上下端的中间2处，用小刀切割出2个四边形的孔。

11 用黏合剂把花朵粘在盒子的两端。按照穿标牌绳子的要领（→ p.145），把丝带穿进正前方的孔里，在顶部的孔上系蝴蝶结，完成制作。

制作简单，外观精致

衍纸，也称为卷纸，是纸艺的一种形式。通过卷曲细长的纸条，制作出多种多样的主题形状的装饰。衍纸艺术发源于 18 世纪的英国，是一种流传于王室贵族的手工艺术。看起来很难的衍纸制作，只要掌握基本的做法，就可以根据创意，轻松地制作出独特的作品。

工具

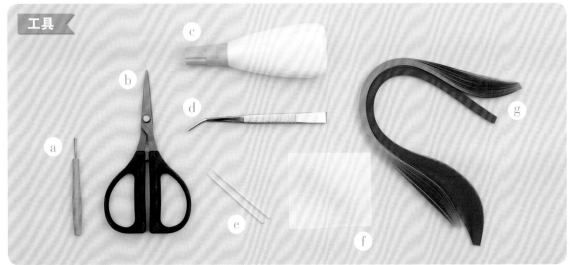

a 衍纸器

卷纸的专用工具。它的前端有卡槽，将纸条插入卡槽，转动衍纸器即可。

b 手工剪刀

比一般的剪刀更细，更容易操作。制作流苏时，使用手工剪刀更方便。

c 黏合剂

也可以用于木工艺。可以用于固定纸卷，也可以用于把零件和零件黏合在一起。推荐使用口小的黏合剂。

d 小镊子

用于摆放零件时使用。因为衍纸制作中有很多细小的零件，用手指很难捏起。

e 小牙签

用于把黏合剂涂在零件上。

f 清洁纸垫

图中是剪切成小块的。也可以使用大块的。作为黏合零件时的底座使用。

g 衍纸条

衍纸条是专用的细长的纸条。宽度为3~6mm，长度大概为30cm。根据需要，选择宽度和颜色。

Q 在哪里能够买到工具?

A 衍纸器和衍纸条，可以在手工艺店或网上购买到。其他的工具都可以在文具店买到。

Q 专门的工具可以用别的物品代替吗?

A 可以，但是需要技巧。例如衍纸器可用牙签代替，但是如果不用手指按住纸卷的话，会变得松散或者发生偏离。另外，如果花芯部分的孔很大的，会显得难看。衍纸条也可以裁剪手边的图画纸代替，如果宽度不一致，会显得不整齐。

实物大小的基本零件

在此介绍的零件是制作衍纸的最基本的元素。用天马行空的想象把这些零件组合，制作成各种各样的主题，正是衍纸的妙趣。

衍纸条的尺寸 3mm × 15cm	衍纸条的尺寸 3mm × 30cm
紧密圈 把衍纸条紧密地卷成圈。摆放在花的中心做成花芯，或者用更长的衍纸条制作的圈做成头部零件等。	
松散圈 把紧密圈弄松散就变成松散圈了。重叠几个做成花纹，或者竖起来做成动物的耳朵。	
泪滴网 捏住松散圈的一端，做成泪滴状。也可以作为花瓣或者蝴蝶翅膀使用。	
叶形圈 捏住泪滴网的另一端，做成叶子圈。正如名字一样，经常被作为叶子使用的零件。	
S形圈 把衍纸条的两端从不同的方向往里卷，做成S形圈。可以作为植物的枝蔓或者花纹使用。拉伸左右，也可以做成松散的曲线。	

衍纸条的尺寸 6mm × 15cm	衍纸条的尺寸 6mm × 30cm
流苏 把衍纸条的一侧剪成细条之后，按照紧密圈的要领往里卷。可以直接作为花使用。	
带花芯的流苏 花芯部分用3mm宽的衍纸条制作。和流苏一样，可以作为花朵使用。	

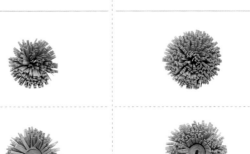

衍纸拼贴画盒子

材料

● **纸**
花瓣5条宽度为3mm的衍纸条
（颜色可以全部一致，也可以各种颜色组合在一起）
花芯1条宽度为3mm的衍纸条

● **其他**
1个木质盒子
1张纸巾
（最好是2张重叠在一起的，正反面容易揭开的纸巾）

1
制作花芯。把衍纸条插进衍纸器前端的卡槽，用食指和拇指指尖一边按住一边卷。

温馨提示

✕ 如图所示，拉紧的同时卷纸，纸容易断，所以不可行。

2
用黏合剂固定住纸卷的终点。用手指按住2~3秒固定。

用手指向外推 →

3
从衍纸器上摘掉时，用右手的拇指和食指向外推。

温馨提示

✕ 强行拉出，会使卷散开，所以不可行。

4
用衍纸器的另一端压平花芯。这样花芯就制作好了。

5
制作花瓣。与花芯一样，从卷纸开始。

6
卷到最后，使用黏合剂之前，把卷纸放在手心。

7
使卷纸呈现自然松弛的状态之后，用黏合剂固定。

捏住

8
直接用手指捏出泪滴形，这样一片花瓣就制作好了。

9
按照同样的方法，制作5片花瓣。

10
在花瓣根部的两侧涂上黏合剂。

11

在清洁纸垫的上面黏合花瓣。

12

把5片花瓣黏合在一起，用黏合剂把花芯粘在中心。这样花朵就制作好了。

13

剪切纸巾上的图案。观察花纹，剪切出想要拼贴的图案。

14

把剪切好的图案，正反面揭开。在此处只使用正面。

15

用小镊子捏住花朵。稍微弯曲清洁纸垫，就容易揭下花朵。

16

把图案放置在木盒子上，决定布局。

17

在将要拼贴的图案的位置上涂上黏合剂。最好不要涂满，而是只涂几个点。

18

用手指把涂的黏合剂抹平。

19

贴上图案。如果图案边缘贴的不够服帖，再涂点黏合剂贴好。

20

用黏合剂把花朵贴好后，完成制作。

推荐的设计

蝴蝶形

蝴蝶的翅膀用泪滴网，身体用松散圈，触角是把衍纸条对折后从两端往外卷制作而成。根据喜好，可以调整各个部件的大小。

心形

把衍纸条对折，从两端往里面卷。属于S形圈的活用方法。也可以把心看作花瓣，作为花瓣使用。

三叶草形

叶子用泪滴网，或者用手指把泪滴网的边缘捏成凹状制作而成。茎部是把衍纸条对折用黏合剂粘在叶子上。

衍纸手工卡片

材料

- **纸**
  1张卡片用纸
  （也可以使用硬质纸）
- **彩纸**
  花瓣为2根6mm宽的衍纸条
  茎和叶为2根3mm宽的衍纸条
  花芯为1根3mm宽的衍纸条

1

制作没有花芯的花。把6mm宽的衍纸条从一侧剪成流苏状。**为了避免剪断，衍纸条上边留1/3不剪。**

温馨提示

相对的另一侧，最好手持背面进行剪切。

2

将衍纸条插入衍纸器的卡槽里。

3

一圈一圈地转动衍纸器，把衍纸条卷成卷。卷的时候，最好用左手食指的指腹和拇指的指尖按住衍纸条。

温馨提示 ✕

如图所示，拉着衍纸条的同时卷，纸容易断，所以不可行。

4

卷完之后用黏合剂固定。如果卷的过程中衍纸条断开了，就用黏合剂黏合在一起。

5

用食指按住2~3秒，使黏合剂凝固。

6

从衍纸器上取下时，用右手的拇指和食指**推出**。

← 用手指推出

温馨提示 ✕

强行拉出，会使卷散开，所以不可行。

7

慢慢地从外侧一点点展开流苏，做成花瓣形状。没有花芯的花朵就制作好了。

8

制作有花芯的花朵时，如图将**没剪流苏的一侧纸条**用黏合剂粘在6mm宽的纸带上。

9

用衍纸器从花芯的一端开始卷衍纸条。

10

卷完之后，用黏合剂固定，从衍纸器上取下。把花芯的部分用衍纸器压平。有花芯的花朵就制作好了。

11

制作花叶部分。把3mm宽的衍纸条卷完之后，先不要用黏合剂固定，而要放在手心里。

黏合剂—

12

使纸卷自然松散，然后再用黏合剂固定尾端。

捏住

13

用手指捏成泪滴网。

捏住

14

把另一端也捏住，捏成叶形圈。花叶的部分就制作好了。

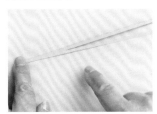

15

制作茎部。把3mm宽的衍纸条对折，可以是1/2，也可以稍微有些偏差。

16

把折好的根部，用黏合剂粘在一起。

17

用衍纸器把衍纸条带两端向外卷。茎部就制作好了。

18

把卡片用纸对折，摆好零件，决定布局。

19

先把茎部贴在卡片上。最好不要涂满，而是只涂几个点，效果会更好。

20

用手按压数秒，就被固定了。

21

在花朵上稍微多涂一点黏合剂。按照相同的方法按压贴住。

22

最后贴上花叶。与茎部一样，黏合剂涂几个点，然后贴在卡片上，完成制作。

节日包装 Part 1

生日、情人节

节日礼物的包装，重要的是外观要呈现出热闹喜庆的感觉。生日礼物包装，把彩带爆竹作为主题；情人节礼物包装，把心作为主题。

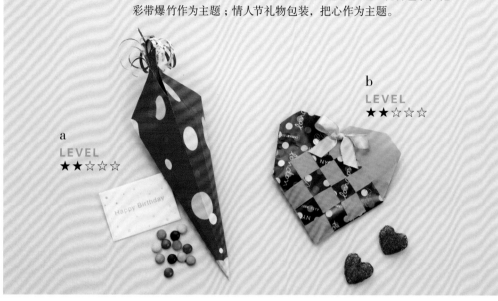

a
LEVEL
★★☆☆☆

b
LEVEL
★★☆☆☆

a 生日礼物包装

1

准备剪贴簿用纸或者较硬的双面纸，裁剪成正方形。

2

对折成三角形，再把三角形的顶点折到底边上，把超出的部分剪掉。

3

再把纸反过来，再一次把顶点折到底边上，把超出的部分剪掉。

4

粘贴在一起

把纸展开，把折痕全部朝外。用双面胶带把两边贴在一起，制作出六角锥形。

温馨提示

如图所示，最好用双面胶带贴好这两处。

5

把重合的两边的角沿着折痕，折成三角形。

6

把折成三角形的角展开，向内压折。

7

把剩下的两个角也按照相同的方法压折进去，如图所示，把双面胶带贴在三处。

8

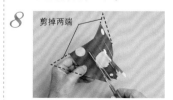

剪掉两端

把步骤 2 剪下的三角形纸的两端剪掉，剪成细长的流苏状。

9

→ 双面胶带

卷成圈用双面胶带固定。用剪刀的背面捋流苏，使流苏变卷。

10

插进六角锥形的里面，闭合口部，同时使用双面胶带贴住流苏并固定，完成包装。

温馨提示

提前把六角锥形的双面胶带的离型纸揭开，最好先把卷了一圈双面胶带的流苏夹住并固定后，再闭合六角锥形的口部。

完成

b 情人节礼物包装

1

准备两种纸、丝带、打孔器。把两种纸裁成 10cm×30cm。

2

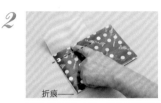

折痕

两张纸分别对折，将对折的折痕交错在一起摆放成心形。把超出的部分标上记号，折出折痕。

3

折痕

把两张纸重叠在一起的部分，从对折的折痕向记号处剪出刀口，剪成 4 等份。

4

再一次把纸放摆成心形，将剪开的纸条上下交错，编成格子花纹。

温馨提示

编织的时候，必须把纸条穿进一边的圈内。检查背面也穿插出格子形状，说明编织正确。

5

全部编织完之后，打开口，放入物品。

6

把左右两角内折，用双面胶带贴在一起。

7

把上面的两个角都用打孔器打上孔，穿入丝带。系上蝴蝶结，完成包装。

完成

Q 如果在编织过程中纸条穿不进去，或者纸口打不开怎么办？

A 编织的过程中，一个纸条必须从另一个纸条中间穿过。如果只是从上面或下面穿过，心形就会打不开。确保背面是格子形状，如果不是，要重新编织。

穿过圈

手工制作的袋子与盒子

手工制作的袋子或盒子的优点是可以用自己喜欢的包装纸，根据创意制作出各种有趣的形状。本章将介绍手提袋形、衬衣形、正四方体形、小盒子形等袋子或盒子的制作方法，还会介绍用喜欢的纸能够简单地制作出具有侧面宽度的袋子或没有侧面宽度的袋子的方法。

手提袋形包装袋

LEVEL ★★★☆☆

材料

● **纸**
　1张剪贴簿用纸
　（也可以把较硬的双面纸裁成正方形）

● **丝带**
　两种不同的细丝带

● **工具**
　切割垫、包装剪刀、打孔器

1

制作手提袋的底部。如图所示折叠纸，使位于下面的纸超出上面的纸5cm。

2

展开折痕，另一边也按照相同方法折。这样底部就折好了。

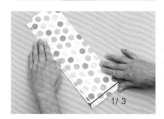

3

再次展开折痕，再把纸横向折成3等份，有点偏差也没关系。

4

如图所示，沿着折痕剪开，做成手提袋的侧面。

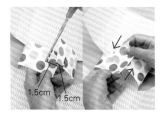

5

在侧面的端头上1.5cm处，把两个侧面左右错开剪出口，各剪到一半长度，然后将端头互相插进去。

6

制作手提袋的正、反面。沿着折痕的1.5cm处从内侧沿弧形虚线剪去，按照相同方向剪下，共4处。

7

剪切时，使用手工剪刀。弯曲的幅度越大，越像手提袋。

8

这是剪完一处的样子。把剩下的3处也按照相同方法剪。

9

拆开侧面的交叉部分，制作提手。把正面和反面都用剪刀沿着半月形的虚线裁剪。

只剪曲线部分

10

提手制作好了。把半月形部分分别向外折。

11

把提手向外折之后，把半月形向外折好，打上穿丝带的孔。

12

打孔器穿过盖子，最好从反面确认位置，两层在一起打孔。把侧面与主体插在一起，穿上丝带系上蝴蝶结，完成包装。

衬衣形包装袋

LEVEL ★☆☆☆☆

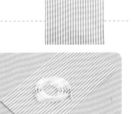

材料

● **丝带**
  1根单色或花纹丝带
● **其他**
  1个有侧面的袋子

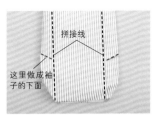

1

展开袋子的侧面宽度部分。确定袖子的位置，左右两侧都朝着侧面折线各切开一条斜线。

2

把袋子翻过来，背面朝上，夹入丝带，把口折两次。

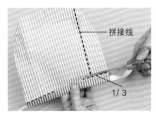

3

制作衬衣的领子。在折两次的地方，左右两端各切开袋子横向长度的1/3的长，最好超出侧面折线。

4

抽出丝带，把物品放入袋子，把袖子下面的侧面折线折到反面。

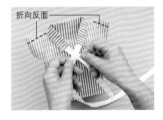

5

再次把丝带夹进去折两次，把左右两端斜着折过来做成领子。把袖子上端稍微向反面折，把丝带系成蝴蝶结，完成包装。

金字塔形包装袋

LEVEL ★☆☆☆☆

材料

● **其他**
  1个没有侧面的袋子、1条封口贴纸

1

把物品放入袋子里，做成金字塔形，封住口。

2

把口向里折两次。

3

用封口贴纸闭合口部，完成包装。

小知识

制作金字塔形包装袋时，用透明材料制作会显得更加俏皮。把袋子装满但不挤塞，留有一点空间会显得更加协调。

小盒子形包装盒

LEVEL ★★☆☆☆

材料

- **纸** 1张剪贴簿用纸
  （也可以把较硬的纸裁切成正方形）
- **丝带** 1根单色或花纹丝带
- **工具** 切割垫、包装剪刀

1 如图把纸折成3等份。

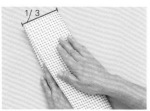

2 再如图，把纸折成3等份。

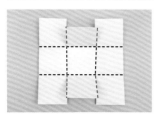

3 展开。如图所示，把相交的折痕中的四处剪开。

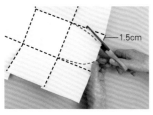

4 用包装剪刀，从折痕内侧的1.5cm处沿虚线剪出轻微的弧线。

1.5cm

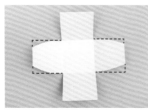

5 按照同样的方法，剪切4处。注意弧线的弧度不要超过折痕。

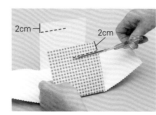

2cm — 2cm

6 把没有处理的侧面，在距离上端2cm的位置，从左右两端不同方向剪开侧面长度的一半。

7 检查剪开的正前方的纸和正后面的纸能否插进去。

8 确认插进去之后，再拆开，打一个能够穿过丝带的孔。

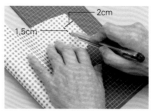

2cm
1.5cm

9 穿丝带的孔的位置，在剪出弧度的两个侧面的中央，穿孔在距离上端2cm处，用小刀在该位置上割开1.5cm。

10 把正前方的纸与后方的纸再次相互交叉，在孔里穿入丝带。

右侧在上

11 右侧在上，使左右两侧覆盖住之后，做成小盒子形，把丝带系成蝴蝶结，完成包装。

小盒子形包装袋

LEVEL ★★☆☆☆

材料

● **纸**
1张剪贴簿用纸
（也可以把较硬的纸裁成正方形）

● **丝带**
1根单色或花纹丝带

● **工具**
切割垫、包装剪刀

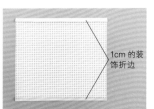

1 把纸张的正面朝上放置，把纸的上下两边都内折1cm的折边。

1cm 的装饰折边

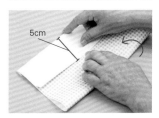

2 把纸翻过来，留出底部的宽度部分（此处为5cm），如箭头所示由下往上折。

5cm

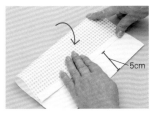

3 另一侧也按照相同方法折叠。

5cm

4 底部的宽度部分制作好了。

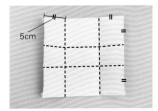

5 把纸展开，把左右两侧按照与上下两边的宽度相同的长度，折出折痕。折出井字形折痕。

5cm

6 把角斜着内折叠。

内折线

7 把盒子的角沿着内折线对齐。

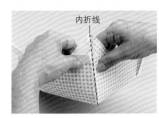

内折线

8 另一边也按照相同的方法沿着内折线折叠。

9 把超出的三角形部分向外折叠。

温馨提示

这时，把盒子的边角也用力地外折叠。

10 剩下的角按照相同方法折叠。在装饰折边上打一个能够穿丝带的孔。

11 使用打孔器时，取下盖子，从背面确认一下孔的位置。穿上丝带，系蝴蝶结，完成包装。

没有侧面的袋子

LEVEL ★☆☆☆☆

使用喜欢的纸张，能够简单地制作出独特的袋子。袋子的大小没有限制。可以根据喜好决定大小。

有侧面的袋子

LEVEL ★★☆☆☆

直到制作筒状之前的步骤，与没有侧面宽度的袋子的步骤完全相同。具有侧面宽度袋子的制作过程会稍微花费一点时间，但是外观更加正规标准。

1

把纸反面朝上，横向放置，左端往里折2cm。右端笔直地贴上双面胶带。

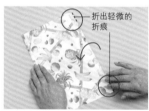

2

横向对折纸张，折出中线，在上下部都折出轻微折痕。

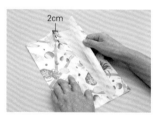

3

把中线作为中央，左右两侧向中线对折。把左侧的 2cm 的折边展开，使右侧在上，用双面胶带把左右两边贴在一起。

4

在底部往上折 1cm，往上折两次，用双面胶带固定，完成包装。

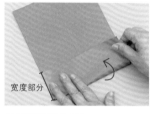

1

与作品《没有侧面的袋子》的前三个步骤相同，按照步骤进行折叠。把打算制作侧面部分的底部往上折。

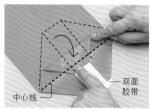

2

把底部分别向上下展开，如图所示上面从中间往下折，再把下面部分贴上双面胶带。

3

再如图将下面部分折上去，用双面胶带黏合在一起。

4

沿着底部的角，折袋子的左右两侧。折出侧面宽度的折线。

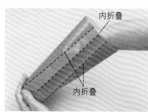

5

把手伸进袋子里，把步骤 4 折出的折痕，中间的折痕往里折，两边的折痕往外折，完成包装。

节日包装 Part 2

万圣节、圣诞节

在外观像南瓜的万圣节礼物包装袋里，装着满满的点心。
圣诞节礼物包装的重点是，呈现圣诞树的形状。

a **LEVEL**
★☆☆☆☆

b **LEVEL**
★★★★☆

a 万圣节礼物包装

1 折两次

裁剪 4 块 15cm×30cm 的无纺布，从下边往内折两次，在中央扭一下。

2 把扭着的部分重叠在一起

物品装进去之后，把扭着的部分重叠摆成放射状。

3

最后按照重叠的顺序依次拿起包装袋，使其汇集在中央。用丝带系结固定住，加上装饰，完成包装。

b 圣诞节礼物包装

1 用双面胶带固定住

用绿色纸把盒子缠绕一圈并固定。包装的纸的横向长度是盒子的周长 +5cm，纵向长度与盒子纵向长度相等。

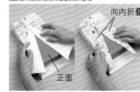

2 向内折叠

正面

在盒子的表面，右侧纸在上覆盖着左侧纸，把圣诞树的树干部分斜着向内折。

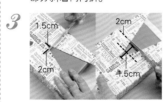

3 1.5cm 2cm 2cm 1.5cm

包装纸的上面，距离树的顶点往下 1.5cm 处，往左右两侧各剪 2cm。再往下 1.5cm 处，向左右两端各剪 2cm。

4 1.5cm

再一次往下 1.5cm 处剪的时候，把折进内侧的纸展开。再如图折进去，制作树干。

5

折进切痕，制作成圣诞树。闭合顶部和底部，把丝带系成 V 字形，加上装饰，完成包装。

温馨提示

把切痕斜线往上折，制作圣诞树的树干。最好用双面胶带在背面固定住树干。

Part
07

必要的礼节

本章将介绍包装的感受、礼节、所需工具、材料的种类等基本的知识。同时请参照使外观更精致的工具的使用方法、制作精良的秘诀及丰富的色彩搭配等实例。

了解礼签的意义与种类

从古代的规矩衍生而来的"礼签"，在不同的场合，都能够把赠送者的心情、赠送品的意义准确地传达给对方。礼签可以分为用奉书纸包装、水引线打结、再别上礼签的正规式包装，以及印着水引线和礼签的简略式包装等几种形式。

是否需要
加上礼签？

礼签最初源于庆祝喜事时在物品上添加干鲍鱼（被拉伸的又薄又长的鲍鱼）的习俗。但是也要考虑对方是否重视形式，或与自己的关系等因素，随机应变。

选择正规式礼签
还是简略式礼签？

这取决于对方的爱好，还有对方与自己的关系。就算是上司，如果对方不拘泥形式，也可以使用简略式礼签。最近，被印刷在纸上的简略式礼签也被认定为正式包装，但是正规式礼签仍然具有厚重感与高品位。使用简略包装的时候，可以使用从网页免费下载的赠品，或者网购时使用"附赠礼签"的服务。

正规式礼签

简略式礼签

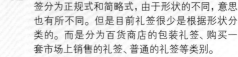

Q 封面字和礼签都是必须具备的吗？

A 庆贺喜事的时候，封面字、水引线、礼签都必须具备才显得正式，如果没有封面字或者礼签也是可行的。但是，低档次的包装法只能对亲人使用。探望病人时，因为不带礼签，所以包装上有水引线和封面字才会显得正式。

Q 礼签也有各式各样的形状吗？

A p.167所介绍的礼签，是普通的正式的礼签。礼签分为正规式和简略式，由于形状的不同，意思也有所不同。但是目前礼签很少是根据形状分类的。而是分为百货商店的包装礼签、购买一套市场上销售的礼签、普通的礼签等类别。

没有封面字　　　　只有水引线　　　　没有礼签（探视病人用）

礼签（正规式）

正面

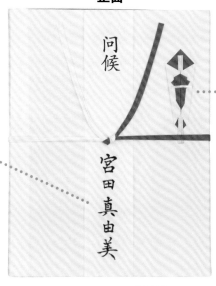

问候

宫田真由美

封面字

把奉书纸剪成细条，在上面写上赠送目的和姓名。在文具店里，也有封面字专业纸。
▶封面字的内容和放置方法
　p.168

礼签

只用于喜事。可以在包装专业店、手工专业店、文具店里购买到。不要别在水引线的结上。
▶礼签的有无与放置方法
　p.168

和纸

市面上的和纸有各种各样的颜色与花纹。在需要别上礼签时使用白色的和纸。纵向长度最长为与顶部和底部对齐，最短为几厘米。如果和纸过大，不建议剪掉，最好将其折进去。
▶和纸的放置方法　p.170

如果比盒子的顶部和底部都少几厘米，也可以直接使用。

背面

水引线

选择符合目的的颜色、根数、打结方法。
▶水引线的种类和打结方法
　p.171

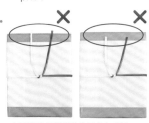

水引线的顶端超出盒子或奉书纸。

礼签（简略式）

礼签

根据赠送的目的，选择礼签。

封面字

必须填写。为了整体外观效果，要把纸包裹过盒子之后，直接写在礼签纸上。
▶封面字的内容
　p.168

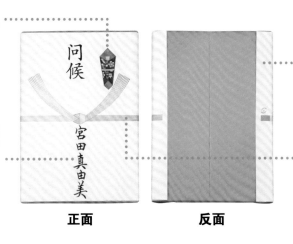

问候

宫田真由美

正面　　　**反面**

礼签纸

最好是与盒子的顶部到底部的长度相同的尺寸，如果比顶部和底部短几厘米也没关系。如果礼签纸过大，不需要剪掉而是要折进去。如果是横向的盒子，礼签也可以放在侧面。
▶礼签的放置方法　p.170

水引线

根据赠送目的，选择颜色、根数和打结方法。
▶水引线的种类和打结方法
　p.171

礼签的位置

不重叠

穿过水
引线的下方

不要与水引线的结重合，使用双面胶带固定在盒子的右上端。如果盒子上的水引线和礼签的下端重叠，要使礼签从水引线的下方穿过。礼签的下部也可以远离水引线，不与之重叠。

封面字的放置方法

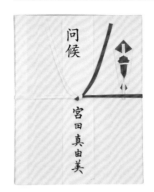

问候

宫田真由美

把和纸剪成细长条，插进水引线里。与简略式不同，不能事先写在和纸的包装上。而是把和纸插进去之后，避开水引线的位置，写上目的和姓名。

Q 在印着礼签的纸上，水引线的结不能碰到礼签吗？

A 很难不碰到礼签。因此，即使水引线碰到礼签，不那么介意的人也变得越来越多了。尽管这么说，既然有正式场合的礼签的放置方法，就需要遵循礼节。参考以下的例子，把礼签放置正确吧。

礼签的下端不能从水引线的上面穿过。

礼签不能碰到水引线的结。

礼签不能超过盒子。

礼签不能放置过于靠下。

礼签不能倾斜放置。

Q 可以使用圆珠笔书写封面字吗？

A 使用毛笔和水笔书写封面字是合乎礼节的。避免使用圆珠笔或者万能笔。

长纸条礼签的放置方法

因为不太正式，所以不太适合用于结婚或者丧葬场合，如果找不到合适的礼签时，也可以选择长纸条礼签。不管是喜事还是丧事的场合，都是在盒子的右上端，用双面胶带固定长纸条礼签的上部。如果介意礼签下部摇晃的话，最好也把下部固定。如果想进一步改变长纸条礼签的尺寸，请参考下图的问题和答案。

温馨提示 一般使用双面胶带固定。使用透明胶带时，为了避免从表面被看见，需要把透明胶带卷成圆圈状之后进行粘贴。

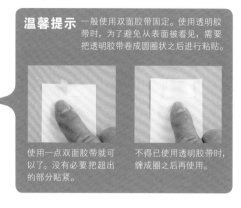

使用一点双面胶带就可以了。没有必要把超出的部分贴紧。

不得已使用透明胶带时，缠成圈之后再使用。

Q 礼签过长，可以剪短吗？

A 和纸的上下部和礼签纸是绝对不能剪短的。这缘于有种"不能切断缘分"的说法。寻找与盒子大小相一致的礼签或者折叠礼签再使用。折叠的时候，用于喜事的礼签要折下部，用于丧事的礼签要折上部。如果还是过长的话，需要折叠上下两部时，最好用于喜事的礼签下部折多一点，用于丧事的礼签上部折多一点。

长纸条礼签的例子

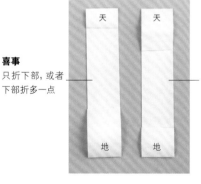

喜事 只折下部，或者下部折多一点

丧事 只折上部，或者上部折多一点

Q 内置礼签和外置礼签，哪个更具格调？

A 据说内置礼签更显敬意。内置礼签就是直接插在盒子上，用包装纸包裹起来的礼签。因为礼签也作为赠送的礼物之一，所以是包括礼签在内，把全部礼物包裹起来赠送的意思。但是，"结婚""生产"等收到许多礼品的场合，使用能够清晰直白地表达赠送者和赠送目的的外置礼签，更能够使对方愉悦。

Q 如果赠送植物或者伞状的物品，怎样放置礼签呢？

A 可以把物品放入盒子里，包括礼签在内，对整体进行包装；也可以在包装的外面放置礼签。如果赠送植物，也可以插入祝贺的标签。最好在购买礼物的店里咨询。

礼签（正规式）和纸的折法

把和纸与盒子左端对齐绕盒子一周，在比周长再多5cm处剪掉多余的部分。宽度是与盒子的顶部、底部完全对齐，或者比顶部、底部稍微短几厘米。如果纸张过大，不要剪切掉而要折进去。

上部（正面）

与左端对齐

把裁好的和纸的一端再一次与盒子左端对齐。

围绕盒子缠绕一周。

把纸的右侧覆盖在上面

把右侧纸覆盖在缠绕一周的纸的左侧上。不使用胶带固定，而是使用水引线打结（→ p.171 水引线的系法）。

礼签（简略式）礼签纸的折法

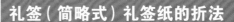

把礼签纸覆盖在盒子上。纵向长度要与盒子纵向长度完全相等，或者比盒子稍微短几厘米。长度只要能够覆盖盒子的表面就可以。

纸张的上下部过大的时候，不要剪切而要折进去。

把双面胶带粘贴在礼签纸的左右两端。最好在边端的中央贴一小块。

把礼签纸贴在盒子的正面，用双面胶带固定，完成包装。

温馨提示

在盒子的背面，左右两边重叠时，把右侧的纸放置在上。

Q 纸张过小或者过大怎么办？

A 可以换一张符合盒子尺寸的纸，但如果上下部比盒子稍微短几厘米也是可以使用的。长度，如果简略式礼签纸能够包裹住侧面，也是可以使用的。如果上下部过大，就把下部或者上部折进去（→p.169 Q＆A）。

Q 丧事的场合，放置方法有变化吗？

A 有变化。把纸与盒子的右端对齐，并把纸覆盖在盒子上，最后把纸的左端置于右侧上面。使用简略式礼签纸的场合，在盒子的背面也要把纸的左侧覆盖在右侧之上。如果上下部过大，把上部折进去。

关于水引线

了解色彩与根数的规矩

使用水引线打结的物品，给人一种庄重的气氛。不管是赠送者还是被赠者，看到水引线，都会有正襟危坐的严肃心情，这是日本独有的文化。印着水引线的简略式纸张，虽然在市面上很常见，但是如果想要给重要的人赠送礼物，最好还是自己亲自系水引线。

打结方法的基础和种类

如果系双色水引线时，颜色深的线要放置在右侧。要根据赠送的意图选择打结方法。活动进行多次就系"蝴蝶结"，活动进行一次就系"断结"或"鲍结"。"梅花结"不能用于丧事或喜事。在一般的场合可以作为装饰使用。

蝴蝶结　　　　　断结

鲍结　　　　　梅花结

关于颜色和根数

把两个颜色在中间连接住。喜事一般使用红、白色，金、银色，金、红色；丧事一般使用黑、白色，黄、白色，双银色等。根据意图和当地的习俗选择颜色。一般以5根为标准。贺礼一般也可以使用奇数3根、7根的设计。但是婚礼比较特殊，要使用5的倍数（新郎新娘两人分），一般系10根。

水引线的系法

1

为了容易操作，用食指和拇指的指腹将水引线捋软。不能折弯，因为会制造出折痕。

2

捋到整条水引线的2/3处。如果捋到最后，容易使水引线的边缘变乱。

在边角处折出折痕

上部（背面）

3

把水引线的中点放置在盒子背面的中央。保证右侧是红色线，左侧是白色线，在盒子的边角处折出折痕。

上部（正面）

4

直接把水引线绕盒子一周，绕到盒子正面。从此处开始打结（→打结方法见 p.172~p.175）。

断结

LEVEL ★★★☆☆

因为断结不容易解开，所以用于婚礼、病愈、丧事（水引线的颜色为黑、白色）等。

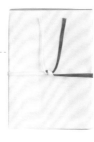

1

把水引线的中心与盒子的背面的中央对齐。

> **温馨提示**
> 确保右边是红色线，左边是白色线。

上部（背面）

2

在盒子的边角处把水引线折出折痕。

上部（正面）

3

把水引线绕盒子一周，绕到盒子正面。

> **温馨提示**
> 这时，白色线要在下面。

4

按住水引线相交的地方，把白色线从红色线的上端绕，从下端拉出。最好用左手食指按住红色线进行。

按住

5

按住结扣，把红色线向右边放平。

6

把白色线从放平的红色线上端绕一圈。

> **温馨提示**
> 提前把5根白色线排列整齐。

7

把白色线从红色线的下面拉出。最好用右手食指按住进行。

8

为了不使水引线变松，一边用手指按住，一边把白色线完全拉出。

9

拉紧结扣。这时，结扣的5根白色线要整齐排列好。

按住

10

把红色线往上拉。最好按住结扣进行。

11

一边按住结扣，一边把白色线与红色线并排一起往上拉，剪掉末端，完成制作。

小知识

要避免使水引线的末端超出盒子或者奉书纸。

172

蝴蝶结

LEVEL ★★★☆☆

因为不管解开多少次都可以重新打结，所以蝴蝶结用于不管举行多少次都令人高兴的，除了婚礼以外的喜事的场合。也被称为"双环结""花结"。

1

把水引线的中心与盒子的背面的中央重合。

温馨提示
保证右侧是红色线，左侧是白色线。

上部（背面）

2

在盒子的棱边处把水引线折出折痕。

上部（正面）

3

直接把水引线绕盒子一周，绕到盒子正面。

温馨提示
这时，白色线在下。

4

按住水引线相交的地方，把白色线从红色线的上边绕，从下边拉出。最好用拇指按住进行。

5

用手指按住结扣。把白色线从上边拉出来，并拉紧。

第一只翅膀

6

系蝴蝶结。用右手食指撑住红色线做第一只翅膀。这时 5 根红色线要整齐排列。

7

用左手捏住红色的翅膀，把白色线从红色线上部绕过来。

第二只翅膀　第一只翅膀

8

再把白色线从红色线的后面穿过，制作第二只翅膀。

抓住结的根部

9

手持翅膀的根部的正前方，拉紧。

10

一边按住蝴蝶结腿部，一边把拇指伸进红、白色翅膀里，往上拉紧。调整外观，剪断水引线的末端，完成制作。

鲍结

LEVEL ★★★★☆

因为是一次性结，所以多用于喜事或丧事（丧事的场合水引线是黑、白色）。如果拉紧两端，互相缠绕的结扣会拉得更紧，寓意"永远陪伴在身边"。

1

把水引线系在盒子上（→p.171 水引线的系法）。在盒子的正面，使白色线位于下部。

上部（正面）

2

用手指按住红、白色线相交的地方，把红色线从正前方向后绕成一个圈。

温馨提示

红色线不从白色线下方穿过，而是在上方重叠。

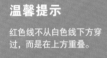

不从下方穿过

3

把白色线整理整齐，从红色线的上方绕过，再从系在盒子上的红色线下方穿过。

温馨提示

整理白色线的末端，然后穿过。

整理末端

4

从红色线圈的上方绕过去，并从系在盒子上的白色线的下方穿过，再从红色线圈的上方穿过，拉出来。

温馨提示

如果弯曲水引线，会更容易穿过。

5

把白色线拉出来。

6

把结扣放置在盒子上，用右手按住，把水引线一根一根地拉出来。首先把位于内侧的一根白色线往上拉紧。

7

把剩余的4根白色线按照从内往外的顺序，一根一根往上拉紧。红色线也按照相同方法进行处理。

温馨提示

整理之后往上拉紧，会使完成效果更佳。

8

手持结扣的上部，往左右两端拉紧。重复步骤6~8，整理外观形状，剪断水引线的末端，完成制作。

温馨提示

抓住结扣的上部，把5根线整齐地往左右端拉紧。

抓住

梅花结

LEVEL ★★★★☆

因为梅花结属于创意设计装饰，所以没有特别需要注意的规则。先把4根红色线和1根白色线组合好，在此处只介绍制作结的部分，并用另外的水引线把它系在盒子上的方法。

1

准备5根60cm长的水引线。拿着中间，使❶在上方重叠，做一个圈。

2

用❶再做一个圈，在上方重叠。把两个圈重叠在一起用左手拿住。

手持这里

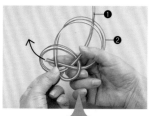

3

右手整理❷的水引线的末端，如图所示，把❷从靠近自己的一边到下方、上方、再下方、再上方进行相互交叉。

温馨提示

整理水引线的末端，如图所示，最好用手按住。

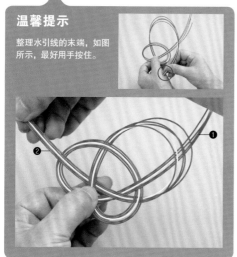

4

从内侧开始，把水引线一根一根地拉紧。另一侧也按照相同的方法处理。

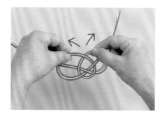

5

手拿结扣的上部，把水引线向左右两端拉紧。

6

把❶水引线从结扣的中心穿过。

温馨提示

从圈中穿过之后，一根一根地拉出来。

穿到此处

7

把❷水引线从步骤6制作的圈中穿过。按照相同的方法把水引线一根一根地拉出来。

8

用金属丝固定住根部。把不需要的水引线剪断。

9

把另取的水引线穿过梅花结，系在盒子上。按照与断结（→ p.172）相同的步骤打结，把末端剪断，完成制作。

温馨提示

不限制系在盒子上的水引线的根数，但3根水引线容易穿过。

ICHIBAN SHINSETSU NA WRAPPING NO KYOUKASHO©
MAYUMI MIYATA 2013
Originally published in Japan in 2013 by SHINSEI PUBLISHING
CO.,LTD.,TOKYO,
Chinese(Simplified Character only)translation rights arranged through
TOHAN CORPORATION,TOKYO.

作者简介

宫田真由美

红鞋子包装教室主管。全日本礼品用品协会认定的礼品包装搭配讲师、衍纸讲师、商务礼仪讲师。出生于大阪堺市，在包装大赛中屡次夺得经济产业大臣奖（最高奖）等奖项。在NHK教育频道"Marutoku Magazine"栏目的包装讲座第16回任嘉宾。现在在国内外为企业或个人做包装指导的同时，也活跃于杂志和电视节目上。著有《简单包装 环保包装》（NHK出版）《包装基础事典》（西东社出版）等。

图书在版编目（CIP）数据

最详尽的礼品包装教科书/（日）宫田真由美著; 王琛译. —郑州: 河南科学技术出版社，2017.5

ISBN 978-7-5349-8637-6

Ⅰ.①最… Ⅱ.①宫… ②王… Ⅲ.①包装设计-教材 Ⅳ.①TB482

中国版本图书馆CIP数据核字（2017）第047878号

出版发行：河南科学技术出版社
　　　　　地址：郑州市经五路66号　邮编：450002
　　　　　电话：（0371）65737028　65788613
　　　　　网址：www.hnstp.cn
策划编辑：刘 欣
责任编辑：刘 欣
责任校对：张小玲
封面设计：张 伟
责任印制：张艳芳
印　刷：北京盛通印刷股份有限公司
经　销：全国新华书店
幅面尺寸：190 mm×240 mm　印张：11　字数：25万字
版　次：2017年5月第1版　2017年5月第1次印刷
定　价：59.00元